EL CONOCIMIENTO
ES LA VIDA

EL CONOCIMIENTO ES LA VIDA

CARLOS HUMBERTO GONZÁLEZ

Número de Control de la Biblioteca del Congreso de EE. UU.:		2012921521
ISBN:	Tapa Dura	978-1-4633-4317-0
	Tapa Blanda	978-1-4633-4318-7
	Libro Electrónico	978-1-4633-4316-3

Para pedidos de copias adicionales de este libro, por favor contacte con:
Palibrio
1663 Liberty Drive
Suite 200
Bloomington, IN 47403
Gratis desde EE. UU. al 877.407.5847
Gratis desde México al 01.800.288.2243
Gratis desde España al 900.866.949
Desde otro país al +1.812.671.9757
Fax: 01.812.355.1576
ventas@palibrio.com
432744

ÍNDICE

PRIMERA PARTE

SEGUNDA PARTE

INTRODUCCIÓN

El legado de la madre, para sus hijos, con el ejemplo de la espiritualidad, y, el bien y la conducta multisensorial del alma, trasciende a la vida de la humanidad, en el curso del tiempo; con la iluminación e interpretación del presente escrito, y, la práctica de los valores éticos.

Los Atributos otorgados a la Humanidad por la Naturaleza son el Reflejo de una Vida Eterna en lo positivo para la evolución y desarrollo de la Verdad:

Espiritualidad y Virtud del Bien en la conducta;

Conocimiento en poder de todos con la razón.

La Disciplina en el conocimiento es el método para alcanzar los beneficios de la Naturaleza; en la conducta individual con el objetivo de la felicidad; y en lo colectivo transmite la armonía, orden y paz.

PRIMERA PARTE

I

EL CONOCIMIENTO

El conocimiento se inicia con la vida. La expresión es con palabras y acciones. Los estímulos sensoriales generan conductas clasificadas por la sabiduría; si es terrenal, utiliza la experiencia, la tecnología y la ciencia para satisfacer necesidades, dentro de un sistema dualista integrado por el sujeto y el objeto; y si es espiritual, por el monismo, para hacer el bien en un mundo de unidad.

La estructura del conocimiento la integran los humanos, relacionados con la naturaleza en el proceso de evolución y desarrollo del universo.

Combinar el conocimiento en sus elementos y contextos es una labor infinita en el tiempo, espacio y variedad. Categorías e inteligencias múltiples, agrupan los principios.

En la ética se agrupa la conducta en dos grandes grupos:

Ética intelectualista para aplicar inteligencias; y ética espiritual hace el bien para ser feliz.

Aquí hay para preguntar:

¿Cuál de las dos éticas es preferente para lograr la armonía, orden y felicidad dentro de una colectividad? La solución demanda una organización general de entidades en el tiempo, porque se trata de fundamentos del conocimiento durante la historia, para dar una respuesta eterna. El espacio es largo en el pasado, y lo será en lo que viene. La vida útil de la humanidad es de generaciones que se transmiten por la experiencia, las imágenes de las acciones que perduran, la genética, y como un todo, en la evolución de la capacidad neuronal del conocimiento.

Hay que emplear recursos y estructuras de culturas autóctonas, como también modelos transculturales o universales adelantados en el campo científico y espiritual. Entidades especializadas en ampliar acciones es necesario integrar a las políticas nacionales y externas de bienestar humano: conocimiento, religión, educación, familia, sociedad y política. Entonces, hay que integrar los principios de una ética que contemple la compasión, el altruismo y la responsabilidad. Son virtudes para toda persona establecer relaciones con los distintos componentes de la naturaleza; la función, por la constante, es permanente. El mundo religioso es un ejemplo de larga tradición; con un sentido unitario se agrupan tres religiones por su origen territorial y objetivos:

A. Modelo Místico, originario de la India con el Hinduismo y el Budismo.

1. Hinduismo (ver cuadro 1)
2. Budismo (ver cuadro 2)

B. Modelo Sabio, originario en China y Japón:

1. El confucianismo (Kong Fuzy 557 -479) (ver cuadro 3)
2. Taoísmo

C. Modelo Profético (ver cuadro 4)

1. Judaísmo;
2. Cristianismo;
3. Islam.

Las religiones tienen coincidencias, semejanzas y diferencias, referentes a una Ética Universal que contempla virtudes o principios en los procesos de conductas. El bien, como espiritualidad, tiene una esencia y aplicación en general por ser perfeccionista y natural.

Las religiones son, preferente y esencialmente, educadoras del pueblo en todo lugar, tiempo y organización. Otras entidades: públicas, privadas, laicas e internacionales prestan ayudas para cumplir el bien. También existen para calificar y castigar el mal.

Es un amplio gobierno para tan diversas conductas de las personas, teniendo en cuenta la igualdad de capacidades de los seres humanos y necesidades variables y cambiantes. Además, las relaciones existen con los reinos de la naturaleza que demandan un trato racional. Así las cosas, por su multiplicidad, es preciso, una estructura vinculante, universal y humana, si es que se espera orden, armonía y felicidad para el bien general donde hay que satisfacer necesidades.

La directriz del bienestar por resolver es una visión futura pero está en la conducta ordenada por el conocimiento.

En los tres modelos de religiones; el místico, el sabio y el de los profetas, todos los principios de la humanidad son virtuosos y referentes al bien.

En el caso sapiencial o de los sabios, en la religión China, hay ideas de cambio:

Por ejemplo: Confucio (Kong – Fuzy) se refirió a la transición de la religiosidad mágica a la racional, dando prioridad al hombre y la razón humana, frente a los espíritus y dioses, (desde el siglo V d. C.). Además, el hombre noble y el pueblo, tienen conciencia para alcanzar el Bien.

Desde la Edad Antigua, las iglesias predican la sabiduría espiritual, referente a los fundamentos del Bien, con métodos altruistas para alcanzar orden, armonía y felicidad como objetivo de la vida y la sociedad.

Y, en la Época Moderna, las religiones del universo, tratan en parlamentos para llegar a una conducta positiva que unifique a los pueblos con una ética mundial e integral. Es un fin que busca el bien para los seres humanos.

El sistema trascenderá a las organizaciones que cumplen funciones de bienestar de la comunidad. El proceso comprende dos tareas: una, es la predica a la colectividad o esencia a los individuos; otra, el aporte físico. Es la disciplina convertida en realidad o acción de conjunto. Una verdad suprema que mueve el mundo sin discordias; porque el celebro tiene inteligencia con la razón, y por tanto, es universal. Así, debido a que la naturaleza de las obras marcha a la par con la vida sana de los humanos.

Estas facultades del comportamiento de los reinos de la naturaleza, en su evolución y desarrollo, comportan el beneficio de sus recursos; siempre que el hombre tenga conocimiento al relacionarlos.

Debido a los distintos niveles culturales, la participación es igualitaria, especializada, voluntaria y oportuna; cualidades de la sabiduría espiritual y universal.

La sabiduría espiritual, generada por el bien, acciona siempre con esencia pura al ritmo de la naturaleza: con equilibrio y beneficio vegetal; con energía y fuerza mineral; con razón y universalidad de las aves; con el orden y el infinito del cielo; para esperanza verdadera en el ser humano.

CUADRO 1

I. HINDUÍSMO: Modelo Místico

A. Ética Básica: Drama, orden eterno (Sanatana Dharma, en sánscrito)

El orden, la ley y el deber:

1. Rige para toda la vida, en general, independiente de casta,
2. Comportamiento correcto,
3. Deberes frente a la familia, la sociedad, frente a Dios

B. Yoga: Ética No violencia. Patañjali (S. II a. c.)

1. Veracidad,
2. No robar,
3. Castidad,
4. No codiciar

C. Sociedad estructurada; en la India cada persona puede decir con exactitud cual es su posición social.

D. Castas

1. Clerical,
2. Aristocracia: Gobernantes;
3. Gente de dinero: Comerciantes, labradores, artesanos;
4. Trabajadores proletarios;
5. Sin casta (Hijos de Dios) llamados por

E. El Veda, el "saber" sagrado, desde 1.500 a. C.

1. Escrito en sánscrito, que significa ordenado, perfecto, acabado
2. Lengua sagrada de los hindúes

F. Upanishad

1. 1000 a. C.
2. El hombre debe mirar dentro de sí mismo y atravesar la superficie de las cosas
3. Para encontrar el "Uno Primordial"
4. Para ver el origen y fundamento del Ser

CUADRO 2

BUDISMO

I. Obligación de los budistas:

    A. No vulnerar la integridad física;
    B. No vulnerar la propiedad;
    C. No vulnerar la verdad de la palabra ni de obra;
    D. No vulnerar la fidelidad conyugal

II. Regla de oro

    ¿Cómo puedo hacer a otro algo que deben hacerme a mí?

III. Cuatro verdades sagradas

    1. El sufrimiento existe
    2. Se conoce la causa del sufrimiento
    3. Encontré la causa del sufrimiento
    4. La felicidad se puede alcanzar

IV. Ética del altruismo

    1. Liberarse del egocentrismo
    2. Altruismo

V. Óctuplo sendero: liberar del deseo – llevar a la iluminación

    A. Camino de salvación;
    B. Lo correcto- pensar correcto;
    C. Correcta vida; palabras y obras;
    D. Ética
    E. Concentración

CUADRO 3

A. Judaísmo

   1. Ética Básica

      a. Paz entre pueblos;
      b. Justicia;
      c. Veracidad;
      d. Fidelidad;
      e. Amor;
      f. Servir.

   2. Ética Común a la Humanidad

   3. Diez mandamientos.

B. Cristianismo

   1. Amor;
   2. Bien;
   3. Bondad
   4. Perdón;
   5. Paz – amor
   6. Misericordia
   7. No violencia
   8. Evangelio

C. Islam

   1. Ética Fundamental;
   2. Humanismo;
   3. Justicia;
   4. Ayuda a pobres;
   5. Impuesto Beneficencia

CUADRO 4

A. Confucionismo (Confucio: 551 – 479)

1. Transición de Religiosidad Mágica a la Racionalidad;
2. Prioridad en el hombre y la Razón humana frente a Espíritus y Dioses;
3. Humanismo (Zen) es "amor a los hombres";
4. La palabra que queda durante toda la vida como norma de conducta es: "Reciprocidad", formada de la regla de oro: "lo que no desees para ti no se lo hagas a los demás";
5. La Ética de lo Humano termina con el amor a los hombres;
6. El pueblo tiene conciencia y alcanza el Bien;
7. Humanidad es Piedad e Integridad.

B. Taoísmo

1. Tao es camino o Ley de orden
2. Naturaleza;
3. Espíritu;
4. Comienzo;
5. Medio; y
6. Fin.
   a. Todo abarca la "Virtud";
   b. Las cosas son vacías, no se perciben con los sentidos;
   c. Vivir en armonía con la naturaleza; y
   d. El hombre se libera cuando está vacío.

II

ATRIBUTOS, DEBERES Y DERECHOS

La vida siempre es de relaciones entre los seres de la naturaleza.

No nacemos para cada uno sino para todos. Tenemos acceso a los bienes comunes y propios cuando empleamos la mente y la razón para cumplir el deber.

Estos atributos son elementos para el crecimiento positivo de la humanidad; con orden, con armonía y la meta en la felicidad. Ésta es, el mejor bien al mayor número de personas.

La naturaleza define la razón. Firme en el tiempo y espacio; elementos en proceso de relación; recursos igualitarios para el deber y el derecho; siempre con miras en la felicidad, que genera el bien en un campo infinito.

Los sectores en el microcosmos tienden a ser justos por naturaleza y racionalidad. El ser humano, el Estado, la empresa y la religión, por medio de la normatividad y orden inducido, llegan a los moldes de la sociedad. Sin embargo, hay acciones injustas que no obedecen a principios o que están por fuera de la ley, ejecutadas por personas marginadas e irracionales, y tienen que sujetarse a los rigores del mal.

Nacemos para vivir en relación con la naturaleza. En un proceso continuo dentro de un medio y factores de apoyo para cumplir un objetivo.

Primero, actuamos en la familia, la patria y la comunidad. Segundo, integra la naturaleza con historia, conocimiento, seguridad social, razón y lenguaje. Tercero, la felicidad.

La conducta para adelantar el proceso de la vida tiene por norma el deber. Es un acto moral con fundamento en la honestidad.

La persona tiene el deber propio en sí mismo para procurar la dignidad y desarrollo individual. Luego, adquiere el deber normativo para las conductas en las diversas manifestaciones de la vida.

La honestidad es un conjunto. La sabiduría para saber la verdad por intermedio de la ciencia y la experiencia. La justicia, permite pensar y obrar conforme a la razón y el orden. Y el alma espiritual para entregar el bien a la comunidad.

Sabiduría terrenal abarca especializaciones referentes a combinaciones de recursos naturales; así se proceda con la ciencia o experiencia. Entonces, el conocimiento de la verdad es relativo, temporal, histórico y cambiante; como quiera que se trate de una verdad abierta.

En tales condiciones, cuando se conoce una o varias ciencias, es preciso guardar prudencia para no caer en vicios ante la ignorancia y falta de pruebas o demostraciones sobre otros temas. En lugar de dedicar trabajos en áreas difíciles y oscuras, conviene dedicar el tiempo a profundizar en la propia especialización.

El conocimiento es un deseo natural y el no saber no es desgracia ni vergüenza, pues de una u otra forma, tarde o temprano, la humanidad lo posee.

Edificar la sabiduría con la ciencia para ofrecer beneficios a la humanidad requiere estudio, investigación y reflexión; en un proceso generacional de mediano y largo plazo. Igual sucede con la experiencia; pero como estos programas no se presentan con la prioridad deseada, es preciso que al final se conviertan en existentes y con cobertura igualitaria dentro de la sociedad. Para lograr el bienestar en la comunidad, por vía de la educación de un pueblo, conviene identificar las demandas de necesidades vitales. Hay que tener presentes que nacemos bajo un interés familiar y patriótico.

Surge la importancia de la educación y de la igualdad, para desarrollar la vida en un marco de equidad.

Mantener la justicia desde el Estado y la empresa privada garantiza la unión y preserva la vida digna en comunidad.

Equilibrio en las políticas gubernamentales para dar oportunidades iguales en educación y salud, mejora los índices de crecimiento económico y desarrollo social. Un salario con amplitud familiar, integración del gasto, el ahorro y la seguridad social del trabajador, trae ventajas en la productividad, mantiene la confianza, seguridad, estabilidad y esperanza, por la distribución del ingreso en la fuerza laboral.

Tanto los bienes comunes como los privados, éstos en su inicio fueron comunes, se deben amparar, porque son la acumulación del esfuerzo de un pueblo en varias y diferentes generaciones. La sabiduría y la honestidad forman el patrimonio de la humanidad; hay que mantener una reserva en los sistemas en operación para los adelantos venideros en la patria.

Conviene buscar a todo precio, la armonía en los sectores para acondicionar los recursos al desarrollo universal.

Todo lo anterior, como fundamento de que nacemos en relación con los demás, y no para lograr interés propio, sin asperezas ni insidias insalvables, mediante diálogo racionable, propio de las personas, no por escogencia de la guerra, preferencia de los animales; así será duradera la armonía con fruto de la justicia.

Los contactos se cumplen con el deber, presente el sentido de la honestidad; allí fluye la sabiduría, justicia y espíritu. Estos componentes tienen presente la prioridad que demandan los problemas de momento en la humanidad; porque cuando se eleva el nivel de vida con programas de educación y salud a plazo, se marcha en el camino del bienestar.

Al mirar en una esfera las dificultades de la comunidad, hay disimilitud que desintegra la masa de la población. La unidad para propagar la honestidad es la familia; pues su efecto se transmite por generaciones y conduce armonía, paz con justicia y felicidad.

En tales condiciones, está presente el espíritu; donde se encuentran la mente como atributo natural del ser humano para obrar con la razón.

La vida de la naturaleza es la razón pura. Es el molde para cotejar las conductas de la humanidad.

La vida de la naturaleza está allí: firme, sin fin… No cambia, ni existe transfiguración real.

La sabiduría, con la ciencia y la práctica en poder de la existencia, relaciona, altera, acondiciona e interpreta los elementos naturales.

Con los actos del deber, la sabiduría busca la verdad. La justicia, une con igualdad y equidad para el logro de la paz. Y la espiritualidad ofrece la felicidad con el bien.

El bien social es el objetivo de la sabiduría. La honestidad es el soporte de la justicia. El bien para la humanidad, generador de felicidad, es la realidad del espíritu.

Espíritu es el elemento vital en el ejercicio del deber; es la sabiduría natural.

Espíritu es la realidad inmaterial de Dios y del alma, expresada en una conducta, ordenada por la consciencia racional, experimentada por el ser humano en el seno de la naturaleza.

Espíritu procede de la Divina Trinidad: Padre, Hijo y norma moral.

Dios universal coloca en la mente de los seres humanos la facultad de la razón absoluta, en el seno de la naturaleza.

Las personas iluminadas con la sabiduría natural, entregan ejemplo y enseñanza para relacionar las conductas dentro de la comunidad.

La segunda persona posee el verbo del bien. Y trasciende en el verbo mental del bien, con ideas reales del espíritu de todos los hijos de Dios, y poseídos de inteligencia, hacen con sus conductas el bien.

Juzgar la edad de la naturaleza, en lo referente a sus elementos, al calificar la aparición, evolución, transformación, combinación, proceso social y fenómenos de vida, es observar en un campo infinito el desarrollo universal. Esta posición compleja resalta el sufrimiento que en una u otra forma afronta la humanidad.

Movimientos desequilibrados en variadas direcciones, llevan cuerpos y vacíos compuestos y sin armonía, faltos de gravedad se introducen en un desorden sin forma ni espacio en ocupación de una masa apenas objetiva: consecuencia de la opinión, apariencia y sentidos. Tal contingencia al menos, hay que interpretarla en el camino de la razón suficiente.

A pesar de todo, las conductas impulsadas por la mente natural como vacío subjetivo o espiritual, acuden para que los hijos de Dios, desde los iluminados hasta los justos que encienden la luz del bien, trasciendan la felicidad en el universo.

III

LA VIDA

La vida está en función de la felicidad. Sus elementos determinan las conductas positivas: construir relaciones que permitan la estabilización y creatividad de la mente mediante la disciplina, quietud y naturaleza recurrente en los hechos; cumplir el deber con honestidad, prudencia, sencillez y justicia para crecer en la sabiduría espiritual; hacer el bien a los demás y utilizar los caminos de ayuda externa, al igualarse y cambiarse uno con las necesidades y sufrimientos de las personas; y cultivar lo bueno para lograr una trascendencia altruista en la humanidad.

Al contrario, la vida práctica transcurre en un proceso encadenado por existencias condicionadas, con agregados negativos, alrededor del ciclo donde morimos y renacemos, a causa de la ignorancia creadora de dolor y sufrimiento germinados en el estado de confusión.

Ante la dicotomía de la vida. ¿Cómo tener felicidad?

Es preciso adelantar un orden curricular en el campo de la sabiduría. En lo terrenal acudir a la ciencia y la tecnología, para adquirir la razón necesaria para imputar y potenciar la verdad convencional que permita establecer la naturaleza final del fenómeno de subsistencia, aunque cambiantes, necesarios para operar las conductas.

De esta manera, se obtiene asistencia mental para hacer combinaciones experimentadas, creativas y reales, aplicables en un espacio natural. Este sistema racionaliza la mente para actuar dentro de lo convencional o conceptual, en especial, en la solución de necesidades materiales, en virtud de una consciencia cinco-sensorial.

Otro conjunto en la mente, con sentido multisensorial, sutil, activa las conductas espirituales desde el fondo del conocimiento trascendental hacia la esperanza humana.

¡Existe una sabiduría espiritual! General, universal y unitaria para establecer relaciones por medio de conductas positivas en el campo del bien que conduce a la felicidad. Los hechos negativos existen como medio regulador del bien dentro de un sistema de opuestos que busca la superación y armonía entre las personas.

Es natural, el complemento constante entre la sabiduría terrenal y la sabiduría espiritual; sin embargo, ésta incluye un proceso particular: para aplicar la razón conceptual o convencional, la práctica de los fenómenos de subsistencia y la experiencia para brindar bienestar a los demás por medio de la enseñanza ejemplar.

Al final, el logro a indicar, es el paso de la ignorancia a la sabiduría espiritual; y ello constituye el conocimiento trascendente para la humanidad vivir feliz.

A. LA VIDA HUMANA

Para considerar la naturaleza de la vida humana, hay que contemplar la existencia de la naturaleza del mundo mayor o universo o macrocosmos. Una parte de la sociedad con cualidad común, es sólo un mundo menor relativo al microcosmos o ser humano.

El menos infinito o más infinito sobrepasa la contemplación y el verbo de la mente, atrás o adelante, en los procesos de la sabiduría. Sólo pensar en la evolución de la biología como una parte de la ciencia es un viaje de lo desconocido a lo ignoto. Y en la naturaleza del sustantivo, la búsqueda de la verdad llega a la opinión de la realidad; se presentan la apariencia de la razón; el espacio de los sentidos; y las conductas no alcanzan a reflejar la subjetividad o viceversa.

Pero la vida no puede quedar en un laberinto; en un abismo sin fondo; en el aire sin sostén; o en el cielo carente de iluminación.

¿Entonces?

¡Hay que vivir en la naturaleza!

Los pies en la tierra; y el espíritu en la naturaleza.

Con el nacimiento aparecen las raíces subjetivas; en la juventud se construye la razón; el final del proceso vital, tiene el fruto de la experiencia en el existente.

Este conocimiento trasciende a las siguientes generaciones en atención a la felicidad que produce el bien.

La naturaleza es real; racional y normal; obedece a principios para fijar la normatividad. Todo, para buscar orden, lo positivo y el bien.

Los procesos y conductas diferentes están al margen y por fuera de las normas empleadas para edificar la sociedad y su civilización, significan el mal...

Existe una estructura y funciones para poner en marcha la naturaleza; y para relacionar sus elementos con el fin de satisfacer necesidades.

La estructura está en los grupos de la sociedad; y funciones corresponden a dos categorías de sabiduría.

Cambios en la sabiduría terrenal; por medio de la ciencia y la tecnología son desarrollados en países avanzados con procesos de investigación largos como costosos y llegan a tener una vida útil corta en lo financiero, social y humano. Los beneficios son limitados debido a un elevado interés político y económico; en ocasiones, tienen fines armamentistas para aumentar el poder a costa de las regiones débiles.

La sabiduría divina o espiritual o natural, acude a la mente como recurso natural libre para suministrar vida espiritual a la humanidad.

Con soluciones reales y prioritarias acumula honestidad para alcanzar la gracia de la justicia y la igualdad como generadora de felicidad.

CICLO DEL CONOCIMIENTO

El ciclo del conocimiento tiene dos fases complementarias en lo referente a los periodos de cambio en la conducta y en las acciones.

En primer lugar, establecer las causas y/o razones de las modificaciones periódicas en las costumbres y conductas generadas por el conocimiento.

Desde el origen natural, todos los seres humanos nacen con iguales componentes potenciales de la estructura para formar el conocimiento.

Pero, la desigualdad aparece al hacer contextos estudiados en la ontogenia, por medio de la capacidad de percibir el mundo externo y para hacer relaciones internas en el sistema neuronal a fin de generar ideas.

En el orden individual, al iniciar la operación adelantada por la unión en el sistema neuronal, se origina el suceso denominado:

SINERGISMO: "doctrina que considera que la justificación humana es producida por la cooperación entre la gracia divina y la actividad humana".

Y significa que al inicio del conocimiento las virtudes son:

Espíritu: sustancia inmaterial que procede de Dios y del alma, y utiliza la consciencia para elaborar conductas tendientes a hacer el mejor bien al mayor número de personas y así obtener la felicidad.

El bien: lo que en sí mismo tiene el complemento de lo bueno, y se requiere en un estado de felicidad y de realidad en sí, como aspiración del individuo.

Los valores aparecen en el espacio y en el transcurso del tiempo; en la familia, la religión y las entidades educativas. En la edad de la niñez, la juventud y la adolescencia se instalan en la mente la espiritualidad y el bien, símbolos que perduran durante el resto de la vida en busca de la realidad.

El sinergismo aplicado a la gracia divina y a la actividad humana, es una derivación de sinergia, utilizada en el proceso del sistema nervioso, referente a la potenciación de neuronas en la expresión de una idea, como un acto individual que hace parte de un todo, especie o proyecto. Por tanto, es una práctica usada en el conocimiento.

La fase espiritual y del bien se caracteriza por ser de conducta individual; las estructuras sociales son: la familia, la religión y la educación; en el campo instructivo se nutre durante la primaria y la secundaria; y en la edad vive la niñez, la juventud y la adolescencia. Estas propiedades son de normal y natural cumplimiento, además, de aplicación básica en las conductas de la fase siguiente, la racionalidad, para buscar el acercamiento a la realidad.

Con los conocimientos naturales y teóricos adquiridos al final de la fase espiritual y del bien, se inicia el entendimiento para adelantar la fase de las innovaciones con el empirismo y la ciencia. En estos dos componentes del conocimiento, empirismo y ciencia, está la causa constante de los cambios en las conductas y permanecen variables por siempre, en busca de una realidad justa en la prudencia de la sabiduría terrenal o material; pues, en la sabiduría espiritual hay aplicación propia desde la primera fase; se reafirma, que tanto, por la parte estructural: familia, religión y educación, como en la instructiva con espiritualidad y el bien, estos elementos permanecen fijos e invariables desde los primeros años y de por vida.

El nuevo periodo indica cambios en la experiencia y la ciencia como partes de la cultura.

Los adelantos se logran por la acción colectiva, siempre conservando la espiritualidad y el bien, formados desde la primera fase.

En el segundo ciclo, también se utilizó un término empleado en la función del sistema nervioso para el desarrollo del conocimiento, relativo a la unión de conjuntos de neuronas que forman una idea o arquetipo, entendido como:

SIMBIOSIS: "Asociación de organismos de diferentes especies que se favorecen recíprocamente en su desarrollo"; como medio de vida para activar la experiencia en la ciencia. Así, también hay intercambio entre los dos sistemas y lograr los satisfactores adecuados para aplicar a las necesidades cambiantes en el tiempo y el espacio

En lo individual o colectivo, en el elemento o en el conjunto, no se logra la ciencia ni la tecnología que permita en el tiempo y espacio satisfacer las necesidades del ser humano. Por lo menos, a un nivel de conocimiento que facilita relaciones racionales y prudentes para tener armonía y felicidad. Porque en la sabiduría terrenal hay áreas por conocer, integrar, planificar, cambiar y prever.

Para adelantar la búsqueda y la práctica de la ciencia, los cuatro sectores existentes en el microcosmos: familia, Estado, empresa y religión, establecen relaciones internas y coordinan interacciones para que en los procesos se logre eficiencia y bienestar social.

Estas metas llegan a niveles relativos a pesar de sistemas empleados en el curso de la historia: diálogos socráticos y platónicos, método planificado de Descartes, juicios sintéticos y a priori de Kant, la abstracción de Marx o el plan de temas vigentes en el Siglo XX; los modos se acortan desde el nuevo milenio.

Como los avances en la ciencia están dominados y usados por el poder sus beneficios no cubren con prioridad a la mayoría necesitada de alimento, educación, salud, trabajo y vivienda, en lo equivalente a servicio social y seguridad social.

La naturaleza está quieta, en una civilización que cambia la combinación de recursos y el movimiento compuesto del ser humano. De allí que la libertad está limitada por los grados del conocimiento; y la democracia se convierte en palabra que ante el hecho se transforma en pobreza. Política aislada por un viento de poder; religión solitaria predica la justicia; y por tanto, la sociedad es víctima de relaciones débiles y exclusiones.

El racionalismo empleado para fines de poder, guerras y mecanicismo distraen la espiritualidad de la vida; primero de la persona y luego se traspasa o contagia al conglomerado, y como consecuencia se crea un brecha amplia que polariza la población. Así surgen las discordias sociales, crecientes en el tiempo, sin que la medicina pueda curarlas, porque el efecto negativo es integral en la personalidad.

Los procesos de cambio y movimiento, que tienden a satisfacer las necesidades de la comunidad, demandan categorías de trabajo diversas; por tanto, las funciones son generales, específicas y absolutas para cada labor. Lo que está presente en los ejercicios es el cumplimiento del deber, con conocimiento, justicia y honestidad; para responder a los atributos de la naturaleza. El fin es la racionalidad en las obras del ser humano y en las relaciones sociales.

En tal Estado la vida humana busca solucionar los procesos por medio de la sabiduría espiritual, divina o natural; y en la iluminación encuentra la felicidad… El bien para todos. El proceso es lento, pero la experiencia se impone en el curso de la historia.

La sabiduría espiritual está presente para conservar el equilibrio. Por ella, la vida habita en el microcosmos para el ser humano mantener la verdad y la dignidad fertilizadas con la honestidad, de tal modo, dará vida a las generaciones con la esperanza de hacer por la naturaleza lo positivo, lo bueno, lo justo y el bien. Las conductas fertilizan la mente sana.

Los desvíos no tienen gravedad y permanecen en la oscuridad. Así la existencia no es recurrente ni trascendente. El tiempo y la vida retroceden en un marco desequilibrado.

En lo cuantitativo, según indicadores del Programa para las Naciones Unidas para el Desarrollo, con cifras para el año 1997 se contemplan símbolos inquietantes para el porvenir de las generaciones y del planeta. La naturaleza pierde así el cauce de lo real porque la vida está enferma y herida.

Del total de la población mundial, 1. 300 millones viven en la miseria, la gran mayoría en Asia (950 millones con menos de un dólar diario para el sustento); 1.000 millones no tienen agua potable y esperan que los Estados traten un bien que es libre; 840 millones tienen hambre y se cree que con 80.000 millones de dólares anuales abría que invertir para tan sólo destinar 0,27 de dólar diario por habitante; 1.000 millones son analfabetas, de los cuales 600 millones son mujeres que deben alimentar y levantar niños; 100 millones viven en la calle; 550 millones de mujeres campesinas viven en la miseria. Por el contrario, 349 personas multimillonarias tienen más del 45% del ingreso anual de la población. De modo que, dos colombianos tienen más que 15 millones de habitantes, esto en el caso colombiano.

Pero la miseria en países desarrollados se clasifica con 15 dólares diarios para vivir, mientras en los subdesarrollados un dólar. Es la emergencia de una nueva clase pobre.

De lo anterior se desprende, una polarización de clases, como anota Anthony Giddens. Por una parte, existe una "colonización inversa" de inmigrantes de países del tercer mundo a naciones desarrolladas para formar allí una nueva "clase pobre" conforme con ingresos adicionales a costa de cualquier modalidad de trabajo. Y por otro lado, se presenta un conglomerado excluyente en razón de su alta capacidad económica, en lo que se denomina la "revolución de las élites" ubicada en "fortalezas que ocupan el espacio público y viven una vida particular alejados del aporte público y civil.

Ante un panorama inquietante de vida y de la naturaleza en su conjunto, hay personalidades con autoridad globalizada que alertan sobre la gravedad de los distintos procesos vigentes en la democracia, no obstante, que hacen parte del sistema. Son los siguientes, con sus opiniones:

Robert S. McNamara, Presidente del Grupo del Banco Mundial (Copenhage, Dinamarca, 21 septiembre de 1970); "Realmente no existen obstáculos materiales que impidan atender en forma sensata, razonable y progresista las necesidades de desarrollo del mundo. Las dificultades radican en la actitud de los hombres. Sencillamente, no hemos dedicado atención y tiempo suficiente a los problemas fundamentales de nuestro planeta". "...hemos de aplicar a nivel mundial, las mismas normas de responsabilidad moral de distribución de la riqueza, de justicia y de compasión sin las cuales nuestras sociedades nacionales ciertamente se desintegrarían".

"De modo que el desafío de la revolución científica no estriba en una gran hazaña tecnológica como la de enviar un hombre a la Luna, sino que, en realidad, es la obligación moral de sacar al hombre del "ghetto" de la favela, de la situación de analfabetismo, del hambre y de la desesperación. Triunfaremos en este empeño si contamos con la sensatez y la fuerza moral necesaria. Pero de faltarnos estas virtudes mucho temo que no podremos asegurar la supervivencia de nuestro planeta".

Rodolfo Llinás, Director del Laboratorio de Neurofisiología de la NASA, (Revista Cambio, 16 de Diciembre de 1 998); "La crisis del país es ética".

"Es una sociedad que está deteriorándose, y va a morir. O que está en un momento de cambio, como cambian los niños cuando se convierten en hombres".

"Esto es una guerra civil donde a la gente, simplemente, no se le ha permitido tener esperanza y cuando una persona no tiene esperanza, entonces, ya está muerta". "Como no tiene suficiente educación no entiende en donde está la sociedad humana en este momento".

"Vamos a polarizar la propiedad social de Colombia en una sola persona. ¿Qué tipo de persona sería? ¿Sería un loco?".

"En Colombia no hay siquiera una educación en el sentido elemental".

"La gente está haciendo todo, meno lo que le sirve. Porque no puede pensar".

"La religión católica es una religión que hace esclavos, impide pensar claramente".

Ricardo Diez Hocbleitner, Presidente del Club de Roma desde 1991(deutsland, 01,01, 2000).

"Las informaciones, la educación y el saber deberán convertirse en un bien general y global, para, a largo plazo, implementar una verdadera igualdad de oportunidades y reducir las peligrosas desigualdades".

Las costumbres y normas que guían la sociedad hay que acoplarla a los cambios causados en la política, la economía, la ciencia y la tecnología; y de hechos en las conductas humanas. Diferentes tradiciones, culturas e intereses de las comunidades son opuestas, polarizadas y ajustadas en el tiempo y espacio de los pueblos, pero las decisiones se quedan cortas al contemplar la libertad con deberes, derechos, democracia, verdad y justicia. No se conoce el punto de llegada, siempre falta, a pesar de la espera. En lo individual y colectivo; cuando se pretende obrar en función del bien, lo bueno y lo positivo… La meta se aleja en lo vital sin alcanzar armonía y felicidad.

Anthony Giddens, Director de la London School of Economist and Politicals Sciense, autor de más de treinta libros presenta en "La tercera vía", la renovación de la Socialdemocracia con modelos sociales y políticos integrados para aplicar en los Estados desarrollados en el futuro inmediato. Y muestra los factores de cambio, en las directrices siguientes, de donde se puede deducir la situación oscura, pero de esperanza en los países subdesarrollados:

"La oposición al Estado de bienestar es uno de rasgos neoliberales más distintivos. El Estado de bienestar es visto como el origen de todos los males…". "Inflige un daño enormemente destructivo a sus supuestos beneficiarios: los vulnerables, los marginados y los desgraciados… Debilita el espíritu emprendedor y valiente de los hombres y mujeres individuales". (pag. 24).

"Aquí el Estado de bienestar es comparado con un país que crece con el sistema de esclavitud considerado como medio eficaz para organizar el trabajo".

"¿Qué producirá bienestar si el Estado de bienestar ha de ser desmantelado?". "La respuesta es el crecimiento económico guiado por el mercado. Por bienestar no deberían entenderse las prestaciones Estatales, sino la maximización del progreso económico, y, por consiguiente, de la riqueza global" (pag. 24)

El espectro expresado por Marx, referente a las desigualdades sociales, no ha desaparecido con la caída del comunismo. Al contrario, ha profundizado la pobreza por la generalización de la corrupción pública y privada. Pero, identifica las posibilidades de la clase necesitada en el campo espiritual, frente a las desenfrenadas aspiraciones materiales. Y este es el orden de regreso que espera la humanidad.

Los procesos vitales de los pueblos se cumplen con un dominio excluyente, sin una concertación previa hacia un punto de equilibrio. Quienes viven en el campo negativo, piensan en la esperanza de pasar al espacio positivo. Allí se tiene armonía… Y armonía es una conducta opuesta a corrupción.

Para llegar al Estado de bienestar se requiere saber hacer o tener competencia en el deber. Así, en la sabiduría terrenal, enmarcada en la ciencia y la tecnología, como en la sabiduría espiritual, comprendida en los hechos honestos y justos.

Es la meta que tiene la humanidad para alcanzar en el futuro.

B. SABER HACER O COMPETENCIA EN EL DEBER

Desde los tiempos antiguos, los hombres se han dedicado a conocer la naturaleza y las conductas entre los seres humanos; hacen tres preguntas:

"1. ¿Cuáles son las leyes que rigen el universo?; 2. ¿Cómo tiene que actuar el hombre?; 3. ¿Qué es lo que sustenta el conjunto ante las desarmonías?".

Las respuestas se dan por medio de relaciones macrocósmicas y microcósmicas en busca de lo bueno, lo positivo y el bien. A fin de lograr la felicidad, por el mejor bien, al mayor número de personas.

La evolución de las generaciones muestra que, no nacemos para nosotros mismos, vivimos para ayudar a los demás. Y la ayuda se logra por medio de la razón, la experiencia y la aproximación a la realidad. Es decir, la sabiduría terrenal con la ciencia y la tecnología; y la sabiduría espiritual con las conductas honestas, prudentes, sencillas y justas.

En la naturaleza está la razón; por tanto, es universal, colectiva e individual (estoicismo, Zenón, Atenas 300 A. C.).

Descartes creía en una razón, sin materia, para encontrar todas las verdades que el espíritu humano puede tener.

Para Espinoza, la razón es infalible y no agrega la experiencia.

Leibniz, considera dos verdades: las de razón y las de hecho; las primeras son eternas; las otras toman los datos de los sentidos para ligarlos a las exigencias de la razón. Afirma que es preciso acudir a la experiencia para "proveer a lo que falta a nuestros datos".

En la época moderna, Kant expone los juicios sintéticos a priori y a posteriori, con el uso de la razón y la experiencia. De la razón deduce la moral; emplea la expresión moral autónoma que es aplicable a razón autónoma como un imperativo categórico.

Por tanto, la razón autónoma debe dictar y aplicar su propia ley. Si no es así, se trata de una razón heterónoma, que procede de normas externas.

Pero, Kant va más allá de los límites de la experiencia, por medio de su dialéctica trascendental.

C. SABIDURIA ESPIRITUAL

La sabiduría espiritual se contempla, cumple y ejecuta por conducto de la función existente.

En la función existente o de vida se integran tres funciones parciales o se derivan tres procesos vitales:

1. Proceso de los consejos para alcanzar la trascendencia.

Hace 500 A. C. vivió en Grecia un ateniense: Temístocles, hombre inteligente, estadista y guerrero. Así logró poder y autoridad para servir con dignidad, decoro y voluntad en el desempeño del deber para satisfacer las necesidades de los habitantes. Atributos propios para ganar la confianza de un pueblo que pedía consejos a su gobernante "¿a quién debemos entregar nuestras hijas en matrimonio; a un pobre que sea bueno o a un rico que sea menos recomendable? Temístocles responde; -Mi consejo es: prefiero al hombre que no tenga dinero, al dinero que no tenga a un hombre".

En efecto, el hombre vistoso funda sus decisiones en una materia que es temporal. Entre tanto, el hombre pobre que ejecuta sus conductas en asocio a una consciencia espiritual gana la trascendencia para la familia y para la comunidad.

Un pueblo como el griego, que acepta consejos trascendentes; porta la verdad en sus actos y hace la cultura real para el universo.

2. Sabiduría espiritual para llegar a recurrencia.

El sociólogo Anthony Giddens escribe en "Un mundo desbocado":

"Nunca seremos capaces de ser los amos de nuestra historia, pero podemos y debemos encontrar maneras de controlar las riendas de nuestro mundo desbocado".

Está perdido el control vital en el origen, proceso y metas del ser humano. Pero a pesar, de que "todo cambia", Heráclito también considera en la "armonía oculta" por no tratarse de contrarios naturales como el día y la noche, el cumplimiento de la ley universal establecida por la razón. Y aún, por la experiencia y por la realidad como elementos de la sabiduría espiritual.

Sin embargo, al llegar a la atomización de la ciencia y la tecnología, con la diversidad de razones partícipes de la sabiduría terrenal, ocurre una desintegración del ser que se recuperaría con una cultura unitaria, practicada por una consciencia espiritual empleada con experiencia y búsqueda de la realidad.

De esta manera se regresa al punto de partida natural o estado recurrente.

3. Deber para hacer el bien.

El cumplimiento del deber acompaña al ser durante todo el proceso vital… Es eterno, recurrente y trascendente.

Marco Tulio Cicerón afirma: "La naturaleza ha dotado a todos los seres animados del instinto para defender su vida y su cuerpo, y de huir de todo lo que parezca perjudicial, de buscar por doquier y preparar lo necesario para vivir, como el alimento, el albergue y otras cosas semejantes".

Esto significa que el mundo es de relaciones positivas. Y que el deber hay que hacerlo con honestidad, prudencia, sencillez y justicia. Atributos propios de una consciencia espiritual.

En las ideas de Platón referentes a las relaciones se interpreta: no nacemos para nosotros mismos sino para ayudar a los demás.

¿Y cómo debemos ayudar? Por medio de conductas nacidas de la sabiduría espiritual; con consejos trascendentales; y haciendo el mayor bien al mayor número de personas.

Optimizadas las tres funciones vitales: los consejos con la trascendencia; la sabiduría espiritual con la recurrencia; y el deber con el bien.

Se ha cumplido el proceso vital para optimizar la función de la existencia: se gana felicidad.

D. LA VIDA CON ATRIBUTOS NATURALES

La vida tiene como atributos naturales las funciones fisiológica y del conocimiento. Las fuentes para el ser humano tener el conocimiento para vivir, son: la naturaleza; la ciencia y; la tecnología; la integración de la naturaleza con la ciencia.

Las estructuras se expanden en el sujeto y objeto. La naturaleza con la acción del bien para lograr la felicidad. La ciencia, con las inteligencias múltiples para satisfacer necesidades. Cada una tiene un rango donde aparecen niveles diferentes que permiten calificar, agrupar y relacionar la participación de la colectividad, con fundamento en las facultades. Así, lograr integración y superación social, teniendo en cuenta la igualdad de capacidad natural propia de los humanos.

Las instituciones y personas han definido principios y fundamentos para activar conductas en el curso de la historia. Se trata de elementos reales, naturales y teóricos de la estructura de la vida; como el bien y el conocimiento, facultades que nacen con la vida.

En la elaboración de principios y fundamentos participan religiones, individuos y entidades privadas y públicas.

E. RELIGIONES CON VIRTUDES.

Virtudes como disposición para hacer el bien; o fuerza o actividad para producir causas y efectos.

En el capítulo de las religiones con virtudes se agrupan tres modelos conforme a su credibilidad y principios:

1. Modelo Místico.

Compuesto por el hinduismo y el budismo

a. Hinduismo

1) Comportamiento correcto: realidad o la perfección;
2) Orden eterno: ética básica;
3) Estructura social: familia-castas-sociedad-Dios. Naturaleza.
4) Cumplimiento del deber, la ley

b. Budismo

1) Conocimiento, saber y comportamiento correcto.
2) Ética del altruismo; liberar el egocentrismo y practicar la compasión universal.

3) El conocimiento y vida correctos explica con la verdad: en palabras y en obras.
4) "Regla de oro" es el camino de la salvación
5) Eliminar el sufrimiento con las cuatro nobles verdades
6) Para llegar a un equilibrio entre el nihilismo y el optimismo
7) Debido a la vacuidad de las cosas; o falta de existencia inherente.

Los sistemas filosóficos de la India se fundamentan en ideales religiosos. Las seis *Darshanas*, doctrinas en sistemas que aspiran a ser medios de salvación y a indicar cómo alcanzar el supremo bien.

Los fines se logran con el comportamiento correcto perfeccionado; con la ética básica y altruista del orden eterno y liberación del egocentrismo para practicar la compasión universal dentro de una vida correcta que contemple la verdad, tanto en palabras como en obras. Todo enmarcado en una estructura social integrada por la familia, las castas, la sociedad y Dios, con el cumplimiento del deber y la ley.

En el marco de la naturaleza como esencia de cada ser y conjunto que compone el universo.

2. Modelo profético

Formado por el judaísmo, cristianismo e islamismo.

a. Judaísmo

1) Hacer el bien conforme con la razón – servir.
a) Bien lo que en sí mismo tiene el complemento de la perfección en su propio género y
b) Es objeto de la voluntad y se obtiene con felicidad;
c) Conforme Platón, hay un solo bien, del que los demás son reflejo
d) Filos. : Realidad en sí, realizada con perfección.

b. Ética básica y humana con exigencias de amor, paz, justicia, verdad y felicidad.

c. Cristianismo

1) Hacer el bien como misericordia.
2) Ética humana con amor, bondad, paz; perdón.
3) Justicia por hacer el bien y virtudes cardinales.
4) ABC de comportamiento humano: los 10 mandamientos
5) Evangelio
6) Energía espiritual: compasión universal; serenidad, no poder y éxito. Benevolencia: no discriminar. Eliminar egocentrismo por el altruismo.

d. Islamismo

1) Ayudar a los pobres acción natural
2) Ética fundamental en lo humano
3) Justicia por virtudes cardinales

3. Modelo sapiencial

a. Confucionismo

1) Bien: el pueblo puede elevarlo con conciencia
2) Ética humana para el amor
3) Conducta: racional; conciencia para lograr el bien
4) Razón natural
5) Reciprocidad· regla de oro
6) Justicia: conforme a la razón
7) Transición religiosa: mágica irracionalidad – prioridad del hombre y razón frente a espíritus y dioses.
8) Regla de oro: prioridad del hombre y la razón frente a espíritus y dioses

b. Taoísmo

1) Bien conforme razón natural
2) Virtud moral con razón natural
3) Estructura de la naturaleza en orden
4) Vivir con armonía de la naturaleza

5) Espíritu nutrido con las tres virtudes teologales y las cuatro virtudes cardinales.
6) La cosas son vacías percibidas con la razón natural
7) Liberación estar vacío; virtudes cardinales eliminan deseo
8) Camino: principio, medio y fin
9) Las cosas no se perciben con los sentidos

Todas las religiones en los tres modelos, tienen el bien como virtud esencial.

IV
DEFINICIONES

A. *El Bien*

Bien (lat. *Bene*: bien- *Bonus*: bueno) lo que en sí mismo tiene el complemento de la perfección en su propio género; o lo que es objeto de la voluntad; y es lo que se requiere con felicidad.

Para Platón hay un solo bien absoluto, del que los bienes particulares son reflejos.

Filos.: Realidad en sí, obtenida con perfección; el sumo bien es el ser último.

En las religiones tiene distintas interpretaciones y conductas; así:

Hinduismo: comportamiento correcto.

Budismo: comportamiento correcto, conocimiento y saber correctos.

Judaísmo: servir, hacer el bien conforme a la razón;

Cristianismo: el bien con misericordia.

Islamismo: ayudar a los padres; impuesto, beneficencia.

Confucionismo: conforme la razón, el pueblo mejora el bien con conciencia.

Taoísmo: el bien como razón natural.

B. *Virtud*

Virtud (del lat. *Virtus, Virtutis*): fuerza o actividad para producir causas o efectos.

Acciones conforme a la ley moral. Filos. Disposición permanente a realizar el bien o cumplir los deberes.

Rel. Espíritus bienaventurados; cumplir operaciones divinas.

C. *Conocimiento*

Kant: el conocimiento implica elementos a priori de la ciencia y elementos de experiencia a posteriori. Son factores de ciencia y sabiduría para satisfacer necesidades universales y de conductas para el uso de las virtudes.

Hinduismo: conducta verdadera y ordenada; eterno, saber correcto.

Budismo: verdad correcta; verdad relativa y absoluta en palabras y obras.

Judaísmo: verdad.

Confucionismo: conciencia racional y natural; bien humano e integral.

Taoísmo: moral con razón natural-bien por razón natura.

Cristianismo e islamismo: sin conceptos del conocimiento.

D. *Conducta*

Respuesta del organismo a estímulos del conocimiento. J. B. Watson, filósofo alemán 1912. Conducta es una ciencia natural, emparentada con la fisiología, para dar respuesta a los estímulos por medio de conductas de los sujetos.

Conducta, al final, es una acción de la realidad práctica que procede de la realidad teórica, compendio de las virtudes espirituales para hacer el bien; por tanto, es sabiduría espiritual.

La conducta debe interpretar y practicar el bien para hacer coincidir la teoría con la práctica y lograr la realidad.

Las religiones tienen como estructura teórica, el bien, fundamento eterno de la naturaleza.

Por tanto, la conducta, para ser una virtud y sabiduría espiritual, debe corresponder a una realidad práctica.

Como en la práctica no se cumplen siempre estos elementos, la conducta en la práctica actual no es ni virtud, tampoco sabiduría espiritual y está lejos de la realidad.

Así, se vive un momento donde las normas de las sociedades se descomponen; y la forma y esencia social se invade por los riesgos del mal. Se presenta un estado de crisis dominado por la inseguridad y alejado de la naturaleza y la realidad.

Domina un período de anomia, descomposición social, que demanda cambios colectivos en bienestar: conocimiento, familia, sociedad, educación, trabajo, salud, legalidad y diálogo; con una institucionalidad especializada e integrada por lo privado y lo público.

El bien nace con la vida. Es natural y eterno, fundamento de la conducta; individual y universal.

E. *Ética*

Dirigir la conducta en forma y esencia de los seres humanos; ética: aplicada, así:

Hinduismo: ética básica para un orden eterno.

Budismo: ética altruista, busca liberar el egocentrismo y adquirir compasión universal.

Judaísmo: ética humana básica referente a exigencias de Dios: justicia, paz, amor, verdad, fidelidad.

Cristianismo: ética común de la humanidad relativa al ABC de comportamiento establecido en los diez mandamientos.

Islamismo: ética fundamental para los humanos.

Confucionismo: ética humana para el amor.

Taoísmo: ética virtudes morales por la razón natural en categorías e inteligencias múltiples

La ética, derivación de las virtudes; es individual y universal; tiene el atributo de integrar la conducta colectiva por medio de normas racionales.

F. *Estructura*

Hinduismo: persona, casta, sociedad; familia, sociedad, Dios.

Taoísmo: vivir en armonía con la naturaleza. Ley, orden naturaleza con armonía, hacer el bien.

G. *Justicia*

Judaísmo: razón natural – virtud moral. Obrar bien. Amor – paz.

Cristianismo: segunda virtud cardinal – no violencia.

Islamismo: virtud cardinal.

Confucianismo: hacer el bien conforme razón natural. Virtud moral – amor – verdad- reciprocidad como norma de conducta.

Taoísmo: hacer el bien conforme razón natural. Ley; orden naturaleza.

H. *Proceso*

Budismo: cuatro nobles verdades. Vida correcta en palabras y obras. Concentración, camino de salvación para liberar deseos. Regla de oro: "cómo puedo hacer a otro algo que no deben hacerme a mí".

Hinduismo: 10 mandamientos.

Cristianismo: 10 mandamientos. Evangelio.

Taoísmo: las cosas no se perciben con los sentidos. Virtud moral: por razón natural.

V

LA MORAL

Moral (lat. Moralis – moris – mos: costumbre, conducta) adj. La moral no cae en la función de la conciencia; ni es referente al orden jurídico; y como fuero interno, activa respeto y bondad en las acciones humanas y facultades de una ciencia que abarca el bien general. Es atributo del espíritu en oposición de lo físico.

La filosofía trata de la moral teórica y la moral práctica, en la búsqueda de normas de conducta, sin método específico, para establecer principios de una moral teórica, propios de la conducta, a fin de inferir la moral práctica, derivación de la observación y la experiencia.

El bien nace con la vida, y como virtud está inscrito en las siete religiones conformadas en tres grupos desde 500 años antes de Cristo. El bien fue la sustancia que permitió la institucionalización de la ética individual universal y eterna, como un estado de actividad de los seres humanos.

Los habitantes, el espacio y el tiempo crecieron con la evolución y el desarrollo del mundo; la combinación entre principios y uso de recursos entre categorías fue una necesidad para elaborar una conducta integral, y la moral fue una solución, sin menguar la ética, porque ésta tendría la oportunidad de superación constante.

El proceso de la moral se ajusta en función de la cultura de cada país; la historia, por ejemplo, se ocupa de los parámetros siguientes:

A. Los principios

1. Ciencia que trata del bien en general
2. Facultades del espíritu opuesto a lo físico
3. No se origina en la conciencia, se exigen honestidad
4. No concierne al orden jurídico, sus actos son nulos frente a la moral;
5. Demanda cumplir el deber

B. Filósofos

1. La moral es norma de conducta sin método
2. El sistema consiste en usar moral teórica para deducir la moral práctica o la recíproca
3. Moral es un arte de observación y experiencia
4. Limita toda moral a una moral práctica, de costumbre o conducta.

C. Sistemas de moral teórica

1. Moral de conciencia; o de sentido moral

   a. Morales de sentimiento en el siglo XVIII. Parte afectiva por oposición a razón.

      1) Instinto de benevolencia: Shafterbury y Hutcheson
      2) Simpatía: emociones que llegan al alma por las emociones del otro; fundada por Adam Smith
      3) Generosidad, bondad esencia de la naturaleza; J. J. Rouseau y Jacob
      4) Cada individuo es una voluntad que raramente se cumple; lo primordial es la piedad, simpatía y compasión contra el sufrimiento; afirma Schopenhauer.

   b. Moral formal de la razón pura: Kant Siglo XVIII; los principios racionales son puros y se imponen a todos; la moral se desprende a priori del deber.

2. Moral objetiva: se ocupa de la materia y lo colectivo.

a. Sistemas utilitarios:

La ley universal, por naturaleza de las cosas es la búsqueda de la mayor utilidad: el placer.

1) No desdeñar placer alguno, dice Aristipo.
2) Elegir entre los placeres; pues sólo los espirituales están libres de dolor; afirma Epicuro.
3) Los utilitaristas modernos como Hobbes afirman que es preciso abandonar el individualismo en provecho social, acatando la ley fundamental
4) Bentham y Stuart Mill, identifican el interés individual con el colectivo; el privado con el general; hay que decidirse por el mayor placer entre el interés social y el privado.
5) Epicuro: elegir entre los placeres: sólo los espirituales están libres de dolor.

b. Sociólogos y evolucionistas.

1) Sostienen la correlación entre componentes: A. Comte.
2) Instintos altruistas de fraternidad, obligación y responsabilidad: afirma Darwin
3) Adaptación del individuo a la célula social; es lo recomendado por Spencer.
4) Durkheim Émile (1858 – 1917 / 59 años de edad), sociólogo y filósofo francés.

   a) Las bases sociales son comunes a las ciencias naturales.
   b) Emplear autonomía en los hechos sociales y no en procesos psicológicos
   c) La sociedad es realidad total, unidad irreductible a componentes, no a un agregado.

       d) Los procesos sociales no se resuelven por métodos de psicología individual; es el objeto de la sociología

       e) Las leyes especificas de la sociología abstraen lo a priori, pues toman la observación y el análisis histórico.

  c. Racionalistas: todo lo racional es compatible con los hechos.

    1) Racionalismo griego: en la dialéctica de Sócrates y Platón, la virtud se equipara con la ciencia y el bien con la verdad.

    2) Aristóteles, como genio; ilustra observar la vida

    3) Estoicos, dicen vivir conforme la razón

    4) Cartesianos:

       a) Spinoza: iguala virtud y ciencia y

       b) Leibniz: la felicidad con la razón

D. Moral Práctica.

Para sustituir, en ocasiones, los sistemas teóricos siempre discutidos.

1. Empleo de reglas empíricas obtenidas del medio social, como en la educación y la tradición.
2. El empirismo se puede ajustar a las reglas científicas.
3. Moral práctica no usa la metafísica que emplea conceptos abstractos.
4. La ciencia de las costumbres tiene aplicación para dirigir la vida

VI

ÉTICA, MORAL, INTELIGENCIA

La ética, la moral y la inteligencia son tres elementos básicos en la historia de la evolución y desarrollo del conocimiento como estructura de la vida.

La ética, con el aporte del bien, como sustancia inseparable en todo proceso; porque es lo que en sí mismo tiene el complemento de la perfección en su propio género y, por tanto, es la realidad en sí.

La moral aplica la ética, en sus diversas categorías, siempre portadora del bien, para ejecutar la conducta y la costumbre por medio de la acción. El efecto de la integración permitió la creación de asociaciones para satisfacer las necesidades de la humanidad, relativas a la evolución de la naturaleza en el tiempo y espacio. La moral se nutre de la ética, y viceversa, siempre que las conductas tiendan al bien individual y social; como requisito para adquirir inteligencia.

Sin embargo, la falta de coherencia entre la teoría y la práctica, en la manera de operar en las múltiples actividades requeridas por la naturaleza, para mantener las virtudes de armonía entre las personas, instituciones, sociedad, gobierno e ideales, no mostraron con equilibrio entre los componentes individuales, fundados en el bien, con las normas colectivas, expresadas en las conductas y las costumbres.

De manera que el equilibrio entre generaciones para lograr felicidad individual con los actos éticos; así el orden y armonía en las conductas y costumbres en la moral, necesita dos cualidades:

Uno; equilibrio entre el bien y la vida, como procedimiento para vivir con relación a los seres humanos.

Dos acoples de lo racional con el empirismo, a fin de obrar con una conducta teórica equivalente con la práctica, o de ésta deducir la teoría.

El conocimiento nace con la vida y se convierte en la esencia de la conducta; como también nace el bien, para transmitir bienestar universal e individual. Los dos atributos de la naturaleza son indivisibles y funcionan en *tándem*, porque el sistema nervioso tiene la facultad de formar sinergias o simbiosis, con el fin de elaborar procesos o asociaciones de ideas o personas.

Ya en lo individual y universal, se dio vida a la ética como principio en toda clase de relación, con el bien absoluto, donde los bienes particulares son un reflejo, según concepto de Platón, siempre el bien es realidad en sí y, por lo tanto, teoría y acción.

Al observar la historia de la conducta, teoría y práctica, elaboradas con la ética, la moral y la inteligencia, todas las culturas emplearon como medio el conocimiento con sus elementos; y como virtud el bien.

Así, las religiones, al establecer la ética como principio espiritual, universal, individual e independiente para ejecutar la conducta dentro del bien, definieron las virtudes.

El cerebro es el órgano que produce conocimiento; lo hace en unión del bien, lo que en sí mismo tiene el cumplimiento de la perfección en su propio género y lo cumple felizmente por ser la realidad en sí.

El cerebro es la estructura filogenético; y el conocimiento es la sustancia que se nutre con dos clases de bienes, mediante procesos ontogénicos.

Uno; bien espiritual: para la conducta universal e individual, de lo que pertenece a la sabiduría espiritual y tiene como beneficio la felicidad.

Dos; bien terrenal, de la ciencia y la tecnología con la materia y lo físico, como elementos de la sabiduría terrenal, con los resultados: productividad, rentabilidad y placer.

Estos dos conceptos en lo abstracto, general e individual, tienen juicios diferentes por la calidad de elementos y contextos que unen las ideas.

Pero las relaciones entre personas con el bien espiritual son simples y conducen a la felicidad. En tanto, las combinaciones con partes de la naturaleza, entre materia, instituciones, países, gobiernos, culturas, tienen variadas interpretaciones y fines; esto, porque las alternativas de intercambio son numerosas y en cadena. Al contrario, en las transacciones con el bien espiritual intervienen una o dos personas.

A pesar de la existencia de dos clases de bienes, espiritual y terrenal, el bien espiritual con su acción, es inmodificable en los dos grupos; el terrenal, sólo tiene su aplicación específica dentro de su grupo material.

Es necesario tener indicadores independientes para cada una de las clases; así se podrá tener armonía y niveles de apoyo entre culturas; para la ética, en lo individual, como para la moral, en lo colectivo. Es preciso contar con indicadores humanísticos, que permitan mejorar los niveles de conducta, en función del conocimiento. La causa de la delincuencia en general es la falta de conocimiento y de todo problema.

Hay que mantener el sentido altruista de la ética en el espíritu del bien universal e individual, para uso en toda actividad personal o material, así corresponda a la sabiduría espiritual o a la terrenal.

Para conocer la evolución y el desarrollo de los países del mundo, es indispensable construir indicadores referentes a la población, al desarrollo económico y tecnológico, a la salud y la educación. Esta labor sólo se inicia a fines del Siglo XX; se conoce disponibilidad de datos a partir de 1979; y el Banco Mundial produjo los primeros estimativos de la pobreza para países en desarrollo, desde 1990.

Hay que conocer el estado positivo de los países del mundo; pero también los negativos, referentes a temas como corrupción y delincuencia en general. De esta manera se puede lograr orden y armonía internacional; en lo individual felicidad. Además, porque existe ayuda y control.

Las estadísticas de conocimiento y conducta son de utilidad; pues el mundo afronta dificultades terminales por falta de conocimiento; a pesar de que nacemos iguales con capacidades fisiológicas; y además, derechos iguales en lo humano.

La conducta de la humanidad, y el uso con los elementos de la naturaleza, se controla, califica y construye, por medio de estudios e informes que integran los temas contemplados por las inteligencias múltiples en lo referente a los procesos teóricos y prácticos adelantados en los países del mundo, desarrollados y subdesarrollados, y es que la conducta es función del conocimiento.

De principio a fin, la naturaleza, con el bien, nutre la función del conocimiento. Bien y conocimiento nacen con la vida.

Las cifras estadísticas de un país son necesarias para conocer la evolución y desarrollo de la sociedad en el tiempo.

Y también hay que llevar los registros de los procesos delictivos para aplicar medidas preventivas tendientes al orden y armonía social. Su aplicación es nacional y con apoyo internacional.

El conocimiento es la causa y la solución de los problemas en la historia de la humanidad.

Pero, las estadísticas tienen aplicación en ambos sentidos:

Cuadro I: referente a índices demográficos: a partir del año 2010 se estima una población mundial de 7.000 millones de personas; Asia con 4. 215 millones y el África con 1.010 millones; entre los dos continentes tienen el 75. 7% del total que viven en el 54,8% del área terrenal.

Cuadro II: en el incremento por 1. 000 habitantes, nacimientos netos en todos los continentes. En Asia y África nacen 707 y 1071, mientras en Europa sólo nacen 26. Es la diferencia entre las políticas demográficas de un continente desarrollado y dos subdesarrollados, y lo grave radica en la tendencia de desigualdad, que no muestra equilibrio.

Cuadro III. África tiene 1. 241 médicos para atender a 1. 010 millones de habitantes que viven en 51 países, con un promedio de 26 médicos por cada 100.000 personas. Al contrario, Europa cuenta con 11.011 médicos para 37 países con 731 millones de pacientes y un promedio de 298 médicos por cada 100.000 habitantes.

Cuadro IV. África es el único continente donde hay habitantes con una esperanza de vida entre la década de los 30 a 39 años (registro en 8 países los hombres y 5 para las mujeres); del mismo modo se dice para el rango entre 40 a 49 años con 20 y 16 países para hombres y mujeres. Sin embargo, en Europa la década del 70 al 79 años de vida registra 33 países para hombres y 16 de mujeres.

Cuadro V. La mortalidad infantil por cada1.000 habitantes (año 2006), por continentes, indica que en Europa 36 países tienen muertos de un solo dígito (entre 8 y 9); en tanto, en África y Asia registran dos dígitos, 45 y 39, respectivamente (entre 10 y 99 muertos). Es decir, 84 países tienen una alta mortalidad.

Cuadro VI. Ingesta de calorías por persona al día (año 2.006), indica que África tiene 34 y 39 países donde las calorías están en una ingestación mayor que 2.000 calorías. En Europa 30 países con mayores de 3000 calorías.

Estas dos estadísticas del cuadro VI señalan como la baja en ingestión de calorías se refleja en la alta mortalidad infantil. En África y Asia, es donde se presenta con mayor énfasis la crisis humana; situación grave si se considera en función de continentes que tienen la más alta población del mundo.

Cuadro VII. Tasa de alfabetización adulta, como porcentaje de mayores de 15 años, considerando los años entre 1970 y 2003. El estudio se hizo por medio de rangos desde menor a 50% hasta de 96% a 100%, para ver en el número de países los hombres y mujeres que tienen tasas de alfabetización y se concluye que Europa tiene el mayor número de alfabetización para hombres y mujeres; al contrario, África se ubica con el mayor número en el rango bajo: de menos 50% a menos de 70% de alfabetización.

Se observa que Europa tiene junto con América del Norte, Estados Unidos y Canadá, un índice alto de alfabetización. Se nota que Asia no sigue la tendencia de África, como en otros índices, debido a la alta cultura religiosa, firme en el tiempo, con fundamento en virtudes y estudio del bien.

Cuadro VIII. Los ingresos per cápita en las economías de cada país y de los siete continentes, según clasificación del Banco Mundial en el año 2006; conforme los datos presentados en El Libro del Mundo, publicado en El Espectador. Están registrados por número de países que se encuentran dentro de los cuatro grupos o niveles definidos; y se encontró que África con 35 países y Asia con 13 naciones están en el grupo de los ingresos bajos, hasta US$905 por persona; al contrario, Norte América con 2 países y Europa con 21 naciones tienen ingresos de US$11. 596 ó más per cápita.

Esta diferencia es grave para el desarrollo humano, teniendo en cuenta que la población de los dos continentes con ingresos bajos tiene el 75. 7% de habitantes; y los dos continentes con ingresos altos sólo llegan al 17% de la población mundial.

El elevado distanciamiento se observa, por lo tanto, en cada una de las cuatro actividades sociales o indicadores: población, salud y educación, desarrollo económico y desarrollo tecnológico.

REFERENTES PARA PROYECTAR DESARROLLO

CUADROS	INDICADORES	AFRICA	ASIA	A.SUR	A.CENTRAL	EUROPA	NORTE	NOTAS
I	Demográficos	1.010' 15%	4.215' 61%	380' 6%	86' 15	731' 11%	445' 6%	Millones de Habitantes Porcentajes del total
II	Natalidad	1.071 43	707 28	158 6	277 11	26 7,04	25 1	Incremento Por mil habitantes natalidad- mortalidad No. De veces referente a América del norte
III	Médicos x 100.000 hbtes	25 51	159 40	114 11	147 20	298 37	310 3	No. Países Años década
IV	Esperanza de Vida al nacer	40-49 H M 20-16	70-79 18-24	70-79 6-8	70-79 9-16	70-79 33-16	70-79 3-1	Años – década Mayor No. De países en la década
V	Natalidad Infantil x 1000 hbtes	45 2 (1099)	39 2	11 2	19 2	36 1(0-9)	2 1	No países con muertos Según No. Dígitos
VI	Ingesta de Caloría por persona día	34 >2000	31 >2000	11 >2000	18 >2000	30 >3000	3 >3000	No países Calorías
VII	Tasa alfabetización adulta	>50%	<96-100% 18-13	<95 7-4	<96-100% 5-6	96-100% 41-35	96-100% 2-2	Niveles de alfabetización Mayor No. De países H Y M en el rango
VIII	Economías continentales Ingresos	7-24 >905	<905 -<3595	<3595	<11.195	>11.195	>11.195	Rangos de ingresos en U.S.A. Mayor No. De países en el rango
		35	13 Y 14	8	11	21	2	

VII

INTELECTUALIDAD EN EL CONOCIMIENTO A PARTIR DE LA EDAD ANTIGUA

Con la estructura del bien como elemento de la ética personal y universal, el conjunto de los intelectuales de la época iniciaron la contextualización tendiente al entendimiento y difusión en la colectividad. Es tiempo de la inteligencia de los filósofos en su inicio, por tanto, la interpretación versó sobre los elementos de la naturaleza; conforme los recursos conocidos.

El proceso de la conducta se inició con la doctrina espiritual de las religiones y sus virtudes: el bien, orden eterno, compasión, altruismo, amor, verdad de palabra y acción, estructura familiar y social, espíritu. En el confucionismo se cambió lo mágico a lo racional y humano.

En el tiempo inicial de las religiones, la espiritualidad es un concepto relativo a la Divinidad en las iglesias, es inmaterial y de solidaridad para sus comunidades.

A. Intelectualidad griega

Las religiones con sus virtudes establecieron el bien como forma en la conducta. Los filósofos griegos ampliaron el campo de aplicación del bien y adelantaron su esencia durante 86 años desde el 470 al 384 A. C., en una verdadera escuela del conocimiento.

1. Sócrates (470 -399, para 71 años de edad).

   a. Sabiduría espiritual en la conducta para pensar con prudencia y equidad;

   b. Enseñanza para vivir de manera correcta en el campo de las virtudes conducentes a la felicidad individual.

   c. Dialéctica, como proceso de diálogo con aporte de tesis, antítesis y síntesis para encontrar la verdad en función del conocimiento con objetivo del bien.

   d. Esencia de la naturaleza propia y necesaria del sujeto y objeto en todos los componentes del conjunto universal;

   e. El Uno o estructura identificado con el bien en cada elemento y derivaciones contextuales;

   f. El mundo de las ideas, de las acciones y de los números;

   g. Conocimiento del sí mismo para profundizar la individualidad o el yo mismo, y poseer un conocimiento medio que permita llegar a la verdad de las cosas con la práctica; percibir que el conocimiento es infinito e inmutable.

2. Platón (428-349, esperanza de vida de 80 años)

   a. Unidad es la realidad; en Sócrates el Uno es la estructura identificada en el bien. En concordancia bien y realidad se asemejan en el sentido natural, dado en orden del tiempo por Sócrates y Platón;

   b. Sentidos para percibir las cosas con el pensamiento. Sócrates se refirió al conocimiento; en Platón aparecen los sentidos para percibir con palabras;

   c. Dualismo: manera de comprender la función de los sentidos de dos maneras:

      1) Dualismo invisible formado por el pensamiento y la percepción;

      2) Dualismo visible por la ciencia y la opinión.

   d. Dialéctica para lograr el saber con la razón, Sócrates con el proceso del diálogo. Platón utiliza la experiencia para saber la verdad.

e. Bien es el objetivo de toda acción humana procedente de las ideas; Platón lo busca en el proceso de la escritura;

f. La sociedad no valora el recurso de análisis colectivo;

3. Aristóteles (384-322, esperanza de vida de 62 años)

a. Considerado el primer genio universal, por su capacidad creativa natural para fijar la conducta individual en una ética del bien con los beneficios del orden y la felicidad.

b. Adquirida la ética a manera de ser con el bien, se identifica la moral como costumbre relativa al espíritu opuesto a lo físico y la materia, para vivir en la colectividad: económica, social o política, en la familia y en la ciudad; se demanda

c. Conocimiento que exige estudio para llegar a:

d. La verdad que es lo que se genera en la mente porque siente y piensa con la razón y es invariable al llegar a la

e. Estructura racional y uso correcto dentro de un

  1) Intelecto pasivo generador de capacidad estructural
  2) Intelecto activo para dar forma a los componentes con un

f. Método lógico que aplica uso correcto en el lenguaje, proposición, gramática y matemática en los casos de

g. Causas del conocimiento: material, formal, eficiente y final; todo para las diez categorías:

h. Categorías del conocimiento, establecidas en búsqueda de las realidades; son diez: sustancia, cantidad, cualidad, relación, lugar, tiempo, posición, estado, acción, pasión para dar respuesta a:

  1) "Qué es algo".
  2) "Qué se predica de algo",
  3) Con un pensamiento para descubrir la
  4) Realidad.

i. Ciencia dedicada al uso de lo general y demostrable, que no se adquiere por los sentidos pero que parte de ellos.

4. Plotino (205-270, D.C. esperanza de vida de 65 años, nacido en Licópolis, Egipto)

a. Filosofía: su esencia es la ascensión del alma desde el mundo;

1) Sensible a una realidad inteligible, el Uno que es el principio del que emana en la estructura toda realidad.
2) La filosofía cumple el regreso al Uno, de donde se origina la inteligencia, el alma y las cosas,
3) Y ocurre el vuelo del Uno Divino Intelectual trasladado al Uno Divino Universal;
4) "Cómo una facultad que todo el mundo posee pero que pocos emplean",
5) El alma, en ese proceso se convierte en luz inconmensurable;
6) Como un éxtasis místico como alguien que se encuentra fuera del mundo sensible, vive en un conocimiento experimental de Dios;
7) Y allí existe una contemplación difícil de traducir en palabras, al considerar que no se trata de un proceso lógico;

b. Quien ve el Uno como la realidad de la estructura, no puede decir "es así", ni tampoco "no es así";

c. El Uno es demasiado grande para tener una consciencia absoluta.

VIII

EVOLUCION Y DESARROLLO DEL CONOCIMIENTO EN LA EDAD MODERNA HASTA NUESTROS DIAS

I. *Renacimiento.*

Renacimiento, en la historia de occidente se llama a la "implantación del estilo de vida moderno que vivimos desde entonces" y que es el resultado de un largo proceso de fusión cultural que comprende: elementos de la civilización greco-latina, a parte trascendente del cristianismo, tributo de los pueblos indoeuropeos y asimilación de las culturas orientales.

El momento culminante en Italia es en el año 1.400 y se difunde por toda Europa para llegar al 1.600, en el cual, dadas las características de cada país, el Renacimiento es un "estilo de vida común a todos los pueblos europeos", en cada una de las estructuras nacionales: conformación social, económica, política, todas con fundamento en el conocimiento, es decir, la rehabilitación del espíritu teorético puro aplicado al conocimiento de la realidad.

La posición geográfica del continente europeo, con referencia a las relaciones sociales con el resto de las regiones del mundo, es el factor determinante para que allí se tomaran decisiones en bien de la humanidad. En efecto: el Renacimiento en la cultura de occidente es un avance del conocimiento en sus diversas categorías, para llegar al desarrollo, como un estilo de vida común a todos los pueblos europeos y una ampliación al universo.

Para ejecutar el propósito del Renacimiento, la humanidad ya contaba con los principios espirituales necesarios para cumplir toda clase de categoría social:

Los tres grupos de religiones: profética, mística y sapiencial, practicaban el bien y un conjunto de virtudes como principios esenciales de la conducta. Y una ética para aplicar en los actos individuales y universales; método igual en las decisiones colectivas.

El estilo de vida, común a los pueblos de Europa para aplicar como norma de relación general, comprendería los siguientes campos:

Primero, en lo económico, fundado en el capitalismo aplicado en:

A. Mercantilismo local y externo con estructuras:

    1. Capitalismo, poseedor de los medios de producción

        a. Tierra o propiedad
        b. Capital

    2. Proletario

        a. Con mano de obra
        b. Experiencia

B. Lucro

    1. Ganancia justa
    2. Racionalismo económico
    3. Forma empresarial

        a. Individual
        b. Colectiva
        c. Reorganización económica según patrimonio

Segundo, en la conformación social

A. Estructura militar en pobreza

    B. Burguesía
    C. Universidad
    D. Arte
    E. Ciencia

Tercero, el humanismo

    A. Surge como forma de religiosidad íntima dentro y fuera de la iglesia;
    B. La vida es un tiempo que merece vivir y no una calamidad abominable;
    C. Es un descubrimiento del hombre y la liberación de la autoridad

Cuarto, el saber científico, invenciones, descubrimientos:

    A. Redescubrimiento del mundo;
    B. Valoración de la naturaleza;
    C. Conocimiento científico por causas verdaderas;
    D. Ciencia laica coherente con la verdad.

Quinto, en las artes y las letras:

    A. Sustitución del arte cristiano del medioevo por un arte laico de inspiración bifronte; con dos caras o frentes

Sexto, el dualismo ontológico, Dios y el mundo, se disuelve, cuando el hombre se convierte en la medida de todas las cosas;

    A. El arte gótica deja de ser místico y trascendente para entregarlo al mundo y recrear a su imagen y semejanza;
    B. Según Wolfflin, el arte del renacimiento "surge como concepción completamente nueva de la grandeza y dignidad humanas".

Séptimo, la filosofía es la rehabilitación del espíritu puro para aplicarlo al conocimiento de la verdad.

II. Leonardo De Vinci (1452-1519, esperanza de vida 67 años, nació en Anchiano, pueblo cerca de Florencia, Italia. Pintor, escultor, arquitecto, ingeniero, matemático, escritor y músico).

De espíritu universal animó a los hombres del Renacimiento, y como dijo Valery, por su riqueza de imágenes "aquél que podía mirar el mismo espectáculo o el mismo objeto, a veces como lo hubiera mirado un pintor, a veces como un naturalista, a veces como un poeta". Encontraba su satisfacción y su apaciguamiento en las aplicaciones y creaciones imprevistas.

En la pintura, Leonardo, reconocía el acto creador por excelencia pues requería todos los conocimientos y casi todas las técnicas. Entre sus inventos está la máquina voladora resultado de sus estudios sobre "el vuelo de los pájaros".

Al unir los paisajes con las cosas y éstas con la naturaleza, en un marco natural y universal, realiza lo sensible con lo inteligible.

Trabajaba con paciencia y dejaba obras inconclusas para actualizarlas en el tiempo.

III. René Descartes (1596-1650, esperanza de 54 años de vida, filosofía y ciencia)

A. La razón aplicada al bien, teniendo en cuenta la

1. Duda metódica para llegar a la verdad porque
2. Los sentidos engañan y la única verdad es "pienso, luego existo; cogito ergo sum", y tener evidencia con claridad y distinción pues es imposible pensar lo contrario,

B. Reglas del método; son cuatro:

1. No aceptar como verdadero nada que no se conozca como evidente
2. Separar los temas difíciles existentes;

3.   Proceder en orden desde lo sencillo;
4.   Hacer revisiones.

C. La extensión es lo que subsiste a pesar del cambio; es la esencia de todas las cosas materiales del mundo;

D. Ideas innatas consistentes en normas lógicas y las de moral;

E. Dualismo: el mundo de las almas de naturaleza espiritual y el de los cuerpos de naturaleza mecánica;

F. Ética representada por la

1.   Necesidad como virtud
2.   Dedicar la vida al cultivo de la razón
3.   Avanzar en el conocimiento de la verdad

G. El árbol de la ciencia: toda la filosofía es como un árbol donde las

1.   Las raíces fueran la metafísica, su
2.   Tronco la física, y las tres ramas principales son
3.   La medicina la mecánica y la moral

IV. Jhon Locke (1632-1704, esperanza de vida 72, filósofo inglés).

A. Escribió *El ensayo sobre el entendimiento humano*, en el año 1690;

B. Combate las ideas innatas de la doctrina cartesiana: niega que los principios del conocimiento sean:

1.   Primitivos,
2.   Constantes,
3.   Universales,

C. La mente es" un papel en blanco" o una "tabula rasa" (*tanquam tabula rasa*)

D. Origen de las ideas en dos fuentes

1. La sensación y la
2. Reflexión con la consciencia de experiencias internas
    a. Memoria
    b. Atención
    c. Ideas
        1) Simples
        2) Compuestas
        3) Combinación de simples y compuestas
    d. Substancias que resultan del cúmulo de sensaciones más la reflexión

E. Todo conocimiento tiene dos grados:

1. Intuición con fe, ciencia y probabilidad
2. Demostración apoyada en la percepción

F. La metafísica es el fondo de la teoría del conocimiento.

G. En el conocimiento hay cualidades,

1. Primarias: la cosa en sí misma como extensión, forma y movimiento;
2. Secundarias son subjetivas (olor, color, sabor)

H. Los hombres son por naturaleza:

1. Iguales
2. Independientes y la sociedad es un pacto de convivencia.

I. El pensamiento sobre la educación

1. La educación física es la condición para predisponer el ánimo a la virtud y desenvolvimiento natural de aptitudes
2. El juego, en el aprendizaje elimina las preocupaciones y facilita la consideración de alternativas en la toma de decisiones.

J.   Al considerar que todo pasa por los sentidos, John Locke con sus ideas, fue el primero que definió la esfera del conocimiento.

V. Godofredo Guillermo Leibniz (1646-1717, esperanza de vida 70 años)

A.   La filosofía es la ciencia general que reduce lo diverso a lo idéntico. La experiencia es la necesidad para integrar datos. El método de la filosofía usa aplicaciones a priori para llegar a deducir aplicando principios:

1.   De identidad
2.   Razón suficiente
3.   Continuidad

B.   Innatismo: Hay verdades naturales independientes de la experiencia pero que se actualizan con las experiencias

C.   La actividad es espiritual por naturaleza.

D.   Derecho, moral y religión se confunden por la fe y la razón

E.   La naturaleza busca los caminos más cortos, fáciles, y una línea recta.

F.   Idealismo: las cosas que se aprenden son apariencias o fenómenos bien fundados y ligados.

G.   Unión entre cuerpo y alma

VI. George Berkeley (1. 685- 1.753, esperanza de vida 68 años). Filósofo, escritor irlandés

A.   Idealismo: niega empirismo de John Locke

B.   Existe lo que percibimos por los sentidos

C.   Pensado

1. Lo no pensado carece de sentido;
2. No puedo elegir lo que veré; ni las tres características de lo que veo

D. Materia: existe con cualidades sólo en la mente

E. Inmaterialismo

1. Critica a la materia
2. No hay materia que soporte cualidades en la mente

F. El conocimiento es de cualidades:

1. Primarias: extensión, forma, movimiento e impenetrabilidad;
2. Secundarias: color, sonido, sabor

G. Abstracto: no hay ideas en abstracto; no es concepción mental

VII. David Hume (1711-1776, esperanza de vida 65 años, filósofo inglés: empirista).

A. Percibimos que un fenómeno sucede a otro. Causa y efecto no se produce. Causa no corresponde a la realidad.
B. No hay acción del espíritu sobre el cuerpo
C. Niega la idea de sustancia
D. Ignorancia: confirmar fuerzas no existentes
E. Empirismo: desemboca en positivismo y pragmatismo.
F. Racionalismo entra en crisis

VIII. Inmanuel Kant (1724-1804) Filósofo Konisberg.

A. Teoría del conocimiento: los objetos se regulan con el conocimiento. El espíritu es el fundamento de la experiencia. Es lo que construye el mundo de la ciencia por medio de las sensaciones que originan las cosas, las que se conocen por la apariencia.

B. Hay conocimiento puro de la realidad por fusión de dos elementos:

1. Un elemento sensible a priori
2. Un elemento a posteriori, materia que llega de las cosas por medio de los sentidos y una forma que el espíritu extrae de su propio fondo

C. Kant presenta como conceptos a priori las cuatro categorías:

1. Cantidad (unidad, pluralidad, totalidad)
2. Cualidad (realidad, negación, limitación)
3. Relación (sustancia, cauda y efecto, reciprocidad)
4. Modalidad (necesidad, posibilidad y existencia)

D. La doctrina de Kant en su inicio muestra influencia en el empirismo de Leibniz, pero se aparta del racionalismo de Descartes y este último, en atención a Hume por su crítica de la relación de causalidad que despertó al filósofo alemán de su sueño dogmática, y de Rousseau quien le enseñó la importancia del problema moral y la primacía de la consciencia.

E. La filosofía de Kant es especial por su crítica y análisis de los datos de la ciencia y la moral.

F. De hecho, hay ciencias y disciplinas como la matemática, la física o la metafísica, que emplean conceptos de entendimiento, independientes de la experiencia y la impresión sensible. Lo pertinente en esta clase de ciencias es formular juicios sintético a priori:

1. Sintéticos por que unen nociones externas para aumentar el saber
2. A priori por ser formulados antes de la experiencia.

G. El conocimiento cierto requiere de una síntesis de contenido en los campos de:

1. Universalidad
2. Necesidad

3. Como características de la ciencia con fundamento en datos racionales, pues la experiencia proporciona lo particular y contingente.

H. El entendimiento es la facultad de los conceptos que unifica los fenómenos por medio de reglas; y la razón unifica las reglas del entendimiento por medio de las ideas trascendentales.

I. Parar trabajar los juicios sintéticos a priori se utilizan conceptos a priori del entendimiento o categorías propias para cada conducta, acción, fenómeno o ciencia.

J. La razón dialéctica trascendental. La razón es la facultad de unificar las reglas del entendimiento en puntos generales. En este caso, se hacen juicios sintéticos a priori relativos a la razón.

IX. Guillermo Federico Hegel (1770-1831, esperanza de vida 61 años, filósofo alemán)

A. El conocimiento es la realidad de la riqueza del mundo.

B. Lo real es idéntico a lo racional y el racionalismo conduce al idealismo.

C. El pensamiento es lo verdadero y universal

D. La dialéctica es proceso iniciado por:

1. Presentación de la tesis para afirmar el tema
2. La antítesis para negarlo y;
3. La síntesis es la negación de lo negado

E. Lo subjetivo son los hechos interiores, psicológicos. El espíritu subjetivo aprende una unidad viviente en las fases del desarrollo:

1. Con la naturaleza como reino inconsciente,
2. El espíritu toma consciencia de sí mismo,

3. La razón, lo más alto del espíritu integra

    a. Lo teórico
    b. Lo práctico
    c. La verdad de la necesidad

X. El Ascenso a la Sociedad del Conocimiento de 1750 a 1900, presentada por Peter Drucker.

A. El conocimiento es hoy más esencial como medio de producción que los otros recursos, que son, el capital y la mano de obra.

1. Es el cambio más notable en la historia del intelecto,
2. Ni el conocimiento ni las innovaciones eran nuevas, lo nuevo era la metodología en la difusión y alcance,
3. El conocimiento del ser pasa al hacer

B. El conocimiento se convierte en un recurso número uno:

1. Para un bien privado o para un bien público,
2. El conocimiento se utiliza en el trabajo
3. La revolución de la productividad se produce entre 1880 y la Segunda Guerra Mundial

C. En la revolución de la administración el conocimiento se aplica al conocimiento mismo;

1. En la producción se elaboran distintos frentes y no pocos como antes
2. La experiencia se convierte en conocimiento y el aprendizaje en texto,
3. Se hizo inevitable el capitalismo moderno.

D. El conocimiento abre el camino para reducir la pobreza

E. La naturaleza tiene el conocimiento como riqueza real o pura

1. El conocimiento se interpreta por la acción,

2. La revolución de la administración, donde la administración es la función genérica de la sociedad del conocimiento, es el recurso por excelencia

F. Para la administración se requiere de dos culturas:

1. Especializada por parte del gerente para relacionarse en el trabajo y con la gente en la sociedad,
2. Un conocimiento general acorde en palabras e ideas.

G. Conviene tener varias disciplinas para mejor comprensión. En la sociedad postcapitalista el conocimiento es el recurso por excelencia.

XI. Ludwig Wittgenstein (1889- 1951, edad 62 años; Filósofo austriaco, nacido en Viena)

A. Afirmaba que la función propia de la filosofía es la clasificación del lenguaje, porque lo planteado en forma correcta debe ocupar las disciplinas científicas.

B. Para los empiristas lógicos del Círculo de Viena, como para Wittgenstein el conocimiento está subordinado al significado, previa las interpretaciones:

1. Lo referente a la experiencia
2. La organización sintáctica relativa a la disciplina de la investigación lógica

C. El fin de la filosofía no es enunciar proposiciones, sino clasificarlas. Lo que importa no es el contenido sino su estructura o forma. El valor de la proposiciones reside en el hecho de que por diferentes que sean respecto de la realidad tienen en común la forma: ésta sólo puede decir cómo es algo, dar la descripción lógica o imagen, y no, qué es ese algo; para que la imagen sea verdadera en la proposición tiene que haber exactitud, tantas cosas identificadas como existen en lo real que se representa. Sólo con un símbolo preciso y riguroso la filosofía evitará confusiones.

D. La filosofía debe consistir en una crítica al lenguaje; todo lo que puede ser pensado puede ser dicho con claridad. Las proposiciones pueden representar la realidad, pero no su forma lógica. La proposición se limita a mostrar.

E. Wittgenstein negaba inferir del presente los hechos futuros, porque sólo se referiría a una hipótesis.

F. Las leyes de la naturaleza son una ilusión. La única forzosidad tiene que ser lógica. El mundo tiene un sentido que está más allá del mundo.

G. "Aun cuando todos los problemas científicos posibles fuesen resueltos, los problemas de la vida no habrían sido ni siquiera tocados".

H. Se puede resolver, con la ciencia y la filosofía, cómo es el mundo, pero no se puede afirmar qué es.

XII. Karl Gustav Yung (1875-1961; edad 86 años; nacido en Suiza, Psicólogo y Psiquiatra)

Interpreta lo inconsciente en función de la vida espiritual del hombre.

La experiencia religiosa es proceso de personalidad, como una relación individual como una realidad vital y cósmica, factor indispensable para la formación y desarrollo humano.

Al ser humano le falta entender la experiencia vital del sentido de la vida. Hay que encontrar las fuerzas inconscientes; la Psique es originaria y creadora en el interior. El individuo debe lograr la unidad de las partes desarticuladas de la personalidad.

La Psique, vida mental, órgano con función propia comprende el pensamiento, sentimiento, conducta, en las áreas conscientes e inconscientes: es la unidad de la personalidad.

El funcionamiento de la Psique es equivalente a los procesos del alma y la mente. Son sistemas para regular la acción en un medio social y físico como en las exigencias del mundo interior.

La unidad es como el todo y no como agregados por la experiencia y el aprendizaje; es un potencial, desde el origen, para llegar al máximo de coherencia y armonía en el encuentro de la verdad.

El hombre maneja un factor ordenador en el interior y exterior, entre lo consciente; el inconsciente, y con el presente proyecta el futuro.

El yo se obtiene en el campo consciente; es un complejo de percepciones, recuerdos, pensamientos y sentimientos, para tener un conocimiento coherente y feliz.

La consciencia se forma en manera directa. El inconsciente personal por síntomas, complejos y símbolos.

El símbolo señala que la conducta no está en la armonía, hay desacuerdos o algo falta. Los complejos son partes separados de la Psique y tienen existencia en el inconsciente formando conductas y procesos conscientes. El símbolo es expresivo y preciso del mundo interior, con normas intensivas y cualitativas; opuesto al campo interior, ocupado de lo extensivo y cuantitativo. El símbolo permanece vivo lleno de significado; sin embargo, cambia conforme factores de tiempo y cultura. El lenguaje, el mito, el arte y la religión, forman el universo simbólico de la experiencia humana.

La aplicación de la Psique es el inconsciente colectivo u objetivo; es la fuente de datos recibido por la consciencia; y el contacto entre el individuo y las fuerzas cósmicas supraindividuales.

Los arquetipos representan el inconsciente colectivo, para formar símbolos como imágenes de la naturaleza. Y son patrones para formar símbolos que se presentan en la mitología de los pueblos desde la prehistoria, son los principios universales en la vida psicológica individual y colectiva. La dedicación actual a la ciencia es el esfuerzo de los hombres primitivos con los símbolos, mitos, leyendas y cuentos en un "lenguaje olvidado".

"La mente universal", "giro del Uno" es comparable con el inconsciente colectivo.

XIII. Teoría de las inteligencias múltiples

Es un modelo de Howard Gardner con un grupo de asesores en la Universidad de Harvard.

Las inteligencias múltiples se definen como una capacidad de resolver problemas o elaborar productos que sean valiosos en una o más culturas. En oposición, hasta hace poco tiempo, la inteligencia se consideraba algo innato o inamovible: se nacía inteligente o no.

Todos nacemos con potencialidades marcadas por la genética; pero se van desarrollando de distinta manera en razón al medio ambiente y a la experiencia institucional adquirida en la familia, la religión, la educación, el trabajo y la sociedad.

A pesar de que las inteligencias son diversas con frecuencia se combinan para elaborar conductas que demandan varias profesiones y capacitaciones. La acción o proceso es posible para elaborar conductas o procesos en las relaciones intra o inter-operativas, con la capacidad infinita del sistema neuronal para hacer combinaciones.

Hay que definir un método para mantener el sistema de las mentes inteligentes presente, en esta oportunidad, en nueve inteligencias para la actividad especializada y de capacitación.

La teoría de las inteligencias múltiples es:

A. Formal

1. Lingüística,
2. Lógica-matemática
3. Espacial
4. Física y cinestética espacial

5. Musical
6. Interpersonal
7. Intrapersonal
8. Corporal

B. Social: emocional para dirigir la propia vida.

C. La inteligencia es el factor individual que se opone a la degradación termodinámica, dotando al ser vivo que la posee de capacidades de optimización energéticas que emplea en su forma de relaciones con el medio. Si el individuo no cumple con las capacitaciones ontogénicas preferentes, es un mundo débil de su comunidad, por tanto, establece una carga social. La inteligencia es dinámica e interactiva, es la capacidad de resolver problemas y elaborar productos para la comunidad.

D. La inteligencia es una capacidad, no es algo innato; no se vive para pensar, se piensa para vivir.

E. Para Howard Gardner en todo tiempo hay que aplicar para el manejo de las inteligencias los principios contenidos en las cinco mentalidades del futuro.

1. Mentalidad disciplinada: para enseñar a entender con la práctica como fruto de la experiencia, reflejo de la verdad; y con: intuición, teoría y percepción, porque estos son recursos externo elaborados con imágenes de cada actor.

2. Mentalidad sintetizadora: debido al océano de datos existente, al tomar una decisión, es preciso disponer de informaciones coherentes con la unidad que se va a producir. Hay que formar el mejor estado de conocimiento en las personas sintetizadoras para elaborar el producto o la conducta con relación al objetivo.

3. Mentalidad creativa: en este caso, es preciso dominar una o varias disciplinas, artes y oficios, con la experiencia durante un tiempo. En la creatividad hay que tener certeza y asumir riesgos. Esta posición requiere de enseñar la verdad y rechazar lo incorrecto en el trabajo, en la familia y en la sociedad.

4. Mentalidad respetuosa: esta facultad se adquiere desde los centros de educación para tener relaciones positivas y virtuosas con relación a las religiones, raza, nacionalidad, política y ciencia. Así obtenemos un recurso para el conocimiento y la vida en sociedad.

5. Mentalidad ética: en el plano de la conducta, individual y universal, expresado por medio del bien en toda profesión y trabajo. Es una orientación para tener una vida plena y buena.

SEGUNDA PARTE

I

FACTORES DEL CONOCIMIENTO

Rodolfo Llinás (neurólogo colombiano, 74 años)

La predicción es la función del cerebro

¿Por qué debe predecir el cerebro? Hay que anticipar la motricidad para sobrevivir. Esto se hace con los sentidos, generadores de movimiento, relativos a las propiedades del entorno. La inteligencia es originada en el "cableado" del cerebro.

Predecir es un pronóstico de lo que puede suceder; depende de la vida del organismo cuando recibe información sensorial procedente de las imágenes del exterior. Esta operación ocurre tanto a nivel consciente como en su reflejo.

La predicción es única, no se pueden predecir cosas opuestas al mismo tiempo, pues la función de la predicción está centralizada.

¿Cómo evolucionó la actividad de predicción?

El sistema nervioso al comparar las propiedades del mundo externo transmitidas por los sentidos con la representación interna sensomotora.

El sistema nervioso tiene predicciones premotoras para responder al contexto del mundo externo.

La predicción ahorra tiempo y energía, por medio de movimientos activos. El cerebro procesa la información discontinua, pero la realidad y el tiempo son continuos. El cerebro procede según la importancia presente al efectuar decisiones motoras de acuerdo a la necesidad.

El origen de la predicción está en las neuronas. El "sí mismo" es el centro de predicción que se inicia en los sistemas motores del cerebro.

A. DEL APRENDIZAJE Y LA MEMORIA

La necesidad de la biología de aprender y recordar es crítica por la evolución científica y social; sistemas colectivos inducen cambios individuales; la globalización altera las autonomías locales.

Los patrones de acción fija (PAF) son un conjunto útil al sistema nervioso desde el nacimiento y se acondicionan durante el crecimiento: pero por su naturaleza tienen capacidades limitadas; con motivo de las variaciones, hay que diferenciar el cableado de los PAF para poder sobrevivir: en su rango y en los circuitos.

Los PAF son módulos automáticos cerebrales que generan movimientos complejos, como el pensamiento, las percepciones, los sueños; son el "sí mismo". Son módulos de actividad motora que liberan el "sí mismo" de gastar tiempo y atención. Y son fijos, porque son esteriotipados y constantes en el individuo y en la especie.

B. EL SER Y EL DEVENIR BIOLÓGICOS

La red neuronal o cableado, propone que desde el nacimiento el cerebro es una "tabula rasa" y que tiene, por tanto, un potencial por aprender; esto se logra por medio de la Mente, red neuronal, que será la encargada de percibir el mundo exterior, su estructura, composición y cambios; y podrá hacer modificaciones para satisfacer necesidades por medio del mejor uso de los recursos naturales. Esto en razón de tener todo por aprender.

El cerebro sería como una máquina de aprender; que desde el origen en "blanco" acumula experiencia, como un archivo diverso de memorias;

pero demanda un sistema particular para su manejo en base a la experiencia.

Las dificultades se resuelven por el uso de las categorías establecidas según las necesidades de los pueblos y de la naturaleza. Teniendo en cuenta que la función cerebral se puede modificar por el sistema nervioso, en atención a la experiencia; por lo común aprendemos lo que ya sabíamos por la evolución y desarrollo, por medio de los conocimientos logrados en la genética. El aprendizaje no produce alteraciones en la neurología, a pesar de individuos con nivel superior de educación. Hay que aprender para vivir en el mundo práctico en que vivimos, teniendo como base de funcionamiento la mente que conduce a mejorar y perfeccionar. La mente es la esencia del sistema nervioso.

¿Qué hay que aprender?

Primero: una cultura general para satisfacer necesidades y relacionarnos entre todos en el tiempo y el espacio.

Segundo: un conocimiento especializado para combinar y perfeccionar el uso de los elementos de la naturaleza.

Hay que utilizar la capacidad del "cableado", conducente a una mayor movilidad estructural y mejor facultad de contexto para lograr la armonía de la especie y la felicidad individual; atributos obtenidos con el aprendizaje y el bien.

No aprender, por el contrario, crea: ignorancia, atraso, descontento y conductas que inducen al mal. ¡Y todos nacemos iguales fisiológicamente!

C. REPETICIÓN

La repetición, en los procesos de aprendizaje y memoria, es la tercera forma de modificar los patrones de acción fijos (PAF). Antes las variaciones ocurrieron en la filogenia y la ontogenia, como resultado de la experiencia. Es el caso de los reflejos de equilibrio: la música, el deporte, por ejemplo, práctica en años de operación y aceptada línea recta horizontal para alterar el significado por medio del contexto interno. Así se reducen los circuitos y se permiten espacios para agilizar procesos complejos.

Otras formas de variar los PAF usan las propiedades funcionales del cuerpo y del mundo externo.

Estos casos dependen del contexto interno y estados emocionales. Mecanismos neuronales que por repetición de los PAF alteran el significado del contexto interno.

En la filogenia hay adaptación del aprendizaje y la memoria; los PAFs de respirar y deglutir dieron origen a la vocalización; el nadar originó el reptar; el ensayo y error en un largo proceso por selección natural codifican y definen los PAFs.

También las necesidades en el desarrollo alteran el contenido de lo aprendido.

En general, las propiedades funcionales del cuerpo y los eventos del mundo externo permiten incorporar PAFs mediante el empleo del conocimiento.

D. MEMORIA FILOGENÉTICA

La memoria filogenética es la "conectividad básica" que durante la evolución une al mundo externo del cuerpo con el cerebro. Para la comunicación cuenta con ramificación de dendritas y axones para establecer relación con otras neuronas, glándulas y músculos. Y con la morfología estructural amplían la capacidad de la especie.

Es un aparato con facultades para producir movimientos integrales con participación biológica, química, física, matemática, que por medio de conductas, procesos y prácticas ponen en funcionamiento los elementos de la naturaleza.

Pero para estas operaciones se requiere de otro tipo de memoria que relacione la forma con la función; porque la memoria filogenética, que es viviente al nacer, es un aparato orgánico que no ha aprendido nada hasta tanto entre en comunicación con otras neuronas, músculos o glándulas.

Sin embargo, la memoria filogenética amplió las propiedades de la especie en el transcurrir del tiempo; determinando la planta física necesaria en el conocimiento.

E. MEMORIA DINÁMICA: "CIRCUITOS EN ACCIÓN"

Como parte de la arquitectura orgánica o planta física hay un segundo tipo de memoria tan antiguo al igual que la estructura filogenética que establece la forma, determinada por las estructuras dinámicas, electroquímicas y conforman la actividad cerebral intrínseca, previa la experiencia, encargada de definir a "nosotros mismos".

Una vez funcionando como memoria evolutiva, la actividad neuronal y la música electroquímica permiten oscilaciones intrínsecas de células excitales que representan la realidad externa. Estas propiedades facilitan el acople de la impedancia, como un papel análogo al de la resistencia en el caso de los circuitos de corriente continua. Este pegamiento funcional permite la comunicación de conjuntos funcionales específicos, presentes desde el nacimiento y que permanecen de por vida.

Las dos memorias, filogenética y dinámica, establecen los "a priori" estructurales de cuerpo y del cerebro, cuando módulos de neuronas diferentes se entretejen en fibras y núcleos específicos denominados lóbulos, haces y fibras. Las dos memorias otorgan al cuerpo y cerebro el estado biológico de SER Y DEVENIR:

SER: estructuras funcionales como boca y manos, que son PAFs de nacimiento.

DEVENIR: las memorias se deben adaptar a cambios por crecimiento, desarrollo y variaciones de edad.

El sistema nervioso se adapta para que cada módulo funcione en estado normal, en función de variaciones por el tamaño del cuerpo.

F. "EL PRECABLEADO DE LA FUNCIÓN CEREBRAL"

El estado emocional libera PAFs que operan desde el nacimiento, como respirar o correr por causa del miedo.

Es decir, la capacidad de tener consciencia es un a priori filogenético.

De modo que es normal comparar la memoria filogenética con el estado de "tabula rasa" que tiene el sistema nervioso al nacer donde debe aprender durante el desarrollo un proceso ontogénico o de formación conceptual. Hay dos razones que hacen la diferencia:

1: Desde el nacimiento el PAF de comer es explícito, viene "precableado" y es funcional; en tan poco tiempo y aparecido el PAF, por ejemplo de correr en razón del miedo, la ontogenia no aprende una función como la de correr, después de iniciado el período de tabula rasa.

2: En el tiempo de tabula rasa el aprendizaje ocurre con la experiencia sensorial; y el recién nacido lo aprendió por ensayo y error durante la filogenia, como una actividad crítica que no necesitó aprender durante la ontogenia en generaciones sucesivas.

Por lo tanto, el espacio funcional interno que relaciona tensorialmente el contenido del mundo externo con el contexto interno viene "precableado", y listo para hacer lo que hace desde el nacimiento con PAFs de estados emocionales. Esto debido a que en la tensión el estado de un cuerpo estirado por la acción de fuerzas que impiden separarse unas de otras partes de un mismo cuerpo.

G. MEMORIA REFERENCIAL

Es un tercer sistema de memoria que consiste en aprendizaje a partir de la experiencia y usa práctica y más práctica.

La memoria referencial se basa en la memoria filogenética o estructura corporal y en el "alambrado" funcional del cerebro; y opera con las propiedades de las dos memorias en la conectividad cerebral pero con una función diferente, como es la de interiorizar el mundo externo y sus propiedades; es la capacidad funcional del cerebro para recordar el mundo de cada individuo, en oposición a todos los mundos precableados desde el nacimiento.

Las dos memorias filogenética y estructural y la dinámica que presentan los circuitos en acción, aportan las memorias acumuladas en vidas sucesivas con elementos biológicos en evolución y desarrollo de selección natural; la memoria referencial acumula el aprendizaje adquirido durante vidas particulares; y su capacidad intrínseca tiene propiedades predictivas del cerebro para facilitar la supervivencia del organismo.

En esta forma se conservan contenidos del mundo externo en el contexto interno generado por la acción tálamo cortical.

Lo inscriben en la memoria referencial y se puede recordar en el futuro a corto o largo plazo.

Esta es la manera para formar el orden social definido por la conducta acumulada de personas, preferible con el uso de la ética que tiene la esencia espiritual del bien.

La memoria referencial a largo plazo, ocupada del aprendizaje a partir de la experiencia por medio de la memoria filogenética y dinámica, relativas a las características biológicas y a la acumulación de aprendizaje durante una vida en particular se divide en memoria implícita y memoria explícita para mejorar el perfeccionamiento en el curso de una vida inclinada en el campo ambiental con la solución de la ecuación que tiene como variables: la naturaleza, el ambiente y el conocimiento.

La memoria explícita, declarativa o consciente, recuerda con base en el conocimiento y la experiencia; se trata de una recuperación voluntaria o intencional de la acción; o de un recuerdo logrado por el conocimiento subjetivo.

Y la memoria del recién nacido es una limitación a la memoria explícita en el caso del recuerdo.

Memoria implícita: no declarativa, es inconsciente e interpreta:

A. Una recuperación no consciente; no intencional de rutina para efectuar una actividad aprendida o una habilidad;
B. Se puede actuar sin intervención de la conciencia, sin aprendizaje;
C. El aprendizaje motor es la música, no se tiene recuerdo consciente en cada golpe;
D. Aprendizaje emocional como el miedo es inconsciente:
E. Igual sucede con el aprendizaje de las categorías y las deducciones de propiedades;
F. Y aprendizaje perceptual o de momento.

La memoria implícita surge de la región subyacente de la amígdala. La memoria explícita procede del hipotálamo y corteza prefrontal, y se elabora por el sistema de ensayo y error, y por la interacción del recuerdo.

La memoria implícita como base del aprendizaje de TAREAS Y HABILIDADES puede disociarse anatómica y funcionalmente de la memoria explícita.

La memoria explícita es guía. Sin ella todo sería primitivo y automático.

La memoria explícita; recuerdo consciente suministra el contexto central y la dirección del aprendizaje y todo lo creado en el entorno.

Las dos memorias evolucionaron juntas y comparten la misma historia filogenética.

Pero los tipos de memoria no se hallan en el mismo sitio y son disociables entre sí.

Acerca de los mecanismos de recuerdos y de adquisición de memoria

La doctrina neuronal relativa al sustrato o superposición neuronal del aprendizaje y de la memoria la inició:

Ramón y Cajal, Santiago (1852-1934, nacido en Navarra España), logró demostrar la existencia de la célula nerviosa; distinguida como neurona por Waldeger, Willhelm von, anatomista nacido en Hehlen.

La doctrina de Ramón y Cajal, desde su inicio en 1911, establece que todos los cerebros son fruto del cableado:

A. Entre células nerviosas individuales, las neuronas;
B. El aprendizaje a largo plazo ocurre por el reforzamiento de las conexiones sinápticas;
C. La generación de nuevas conexiones entre neuronas.

La memoria de trabajo o rutina y habilidad adquirida por la repetición, en el corto plazo, su actividad se devuelve al mismo circuito neuronal original. Por tanto, la memoria de trabajo tiene como base la actividad eléctrica producida por retroalimentación sináptica o por permanente activación neuronal de sus características intrínsecas.

La memoria asociativa de largo plazo se refiere a potenciación y depresión, conforme a la habilidad de las sinapsis para modificar la cantidad de transmisores liberados por un potencial de acción presináptico o con la capacidad de la célula postsináptica de producir receptores que hagan a la célula más sensible a la potenciación a largo plazo o menos sensible a la depresión a largo plazo.

El aprendizaje y la memoria, que a través de las membranas neuronales operan como corriente eléctrica en un proceso de ontogenia, no se transmiten a las generaciones vía DNA familiar. Pero los genes que dan estructura filogenética sí se filtran a la descendencia conducto de la estructura dinámica "circuitos en acción", consistente en las estructuras dinámicas electroquímicas, actividad cerebral intrínseca, previa a la experiencia; y ocurre en nuestros cerebros para definirnos a "nosotros".

H. MEMORIA FILOGENÉTICA Y REFERENCIAL

Las memorias no se transfieren en razón de la variación de los procesos y conductas, diferentes en el tiempo; y debido a la definición de lo filogenético como estructura física; concepto opuesto a lo referencial fruto de la experiencia.

Para calificar como significativa una conducta, primero debe de estar instalada en la forma del "sí mismo" desde el nacimiento; y segundo lo que el "sí mismo" ha aprendido por experimentación y yuxtaposición en el curso de la vida. En aclaración: el "sí mismo" filogenético; y el "sí mismo" experimentado o referencial.

Pero esto no es lo que la relación natural considera notable y preservable. Lo considerado significativo en la vida como un todo comprende:

1. Una evolución biológica en la especie;
2. Lo repetitivo coherente y frecuente;
3. Lo genómico por filogenia o selección natural.

Con referencia a la especie, la memoria individual a largo plazo, es sólo a corto plazo.

La memoria individual a largo plazo se mantiene por la cultura social.

La memoria genética a largo plazo está desde el nacimiento; y ocurre sin experiencia sensorial. Las memorias se califican en el tiempo por selección natural; la práctica no incide en la formación genómica; una sola vida no da para modificar la especie. El lenguaje es una "a priori" filogenético. La cultura no es lo suficientemente antigua o consistente para que la selección natural la defina como significativa en un todo.

I. CONOCIMIENTO EN AUSENCIA DE EXPERIENCIA

Funcionamos con lo que tenemos y somos:

1. En el cuerpo y el cerebro se encuentra el cableado neuronal;
2. Y la conectividad neuronal que relaciona la parte orgánica y la motriz se adquiere en ;
3. Ausencia de experiencia por medio de PAFs, que son módulos de actividad motora que liberan el "sí mismo" de gastar tiempo y atención innecesaria en los movimientos.

En la ontogenia se generan:

1. Circuitos cerebrales funcionales,
2. Correctos y capaces sin

3. Entrada sensorial.

En útero el sistema visual

1. La conectividad funcional del sistema visual
2. Se construye sin entrada luminosa, la relación es intrínseca.

No es correcto decir que el cerebro "aprendió", pues la

1. Conectividad neuronal dirigida y específica por
2. Factores de aprendizaje (experiencia) derivaron en

    a. Propiedades intrínsecas eléctricas de neuronas pertinentes del
    b. Crecimiento nervioso y de las
    c. Interacciones entre fibras axónicas migratorias y
    d. Neuronas que reciben sus terminales

3. Tales neuronas receptoras

    a. Aceptan o rechazan acceso a sus receptores de
    b. Determinados eventos de unión de célula a célula, pero
    c. Son el preludio ontogénico de transmisión sináptica sensorial.

La tabula rasa determina que la conectividad neuronal subyacente a ciertas funciones es el resultado de experiencias sensoriales. Y no es posible que en el cerebro o en sus circuitos ocurra una experiencia sensorial en ausencia de una transmisión sináptica generada por los sentidos.

Sin embargo, hay actividad eléctrica espontánea en ausencia de estímulo a los órganos sensoriales: como en el caso del OJO donde las neuronas de la retina disparan en forma espontánea antes del nacimiento.

Esta actividad se requiere para el cableado del sistema visual; en donde no hay presencia de estímulos externos.

J. ¿QUÉ CAMBIOS OCURREN CUANDO APRENDEMOS?

Al precableado de nacimiento se le añaden variaciones cuando ocurre el aprendizaje y la memoria; hay nuevas conexiones debido a acciones o conductas sinápticas o de unión de elementos para mejorar el significado de la idea. Pero en la ontogenia el aprendizaje y la memoria tienen leves modificaciones en los modelos de arquitectura funcional que vienen desde el nacimiento.

Los idiomas son mundos diferentes, porque el lenguaje de países con distinta composición molecular de las células de las áreas corticales del lenguaje tiene diferente interpretación de tal manera, la capacidad de aprendizaje de idiomas reduce la memoria en otros campos.

Los circuitos cerebrales básicos no se adquieren por aprendizaje. Si se modificaran, la neurología sería imposible.

La alta especialización en el deporte o en la música, merma capacidad en otros campos; la potencialidad de las neuronas se ocupa en acciones específicas y se agota la diversidad.

A los patrones preordenados en el sistema nervioso se añaden modificaciones subyacentes al aprendizaje y la memoria.

Como el "cableado" filogenético es inalterable, hay límites para lo que hacemos o aprendemos.

K. LOS REQUISITOS DEL APRENDIZAJE OTORGADOS POR LA NATURALEZA

El "sí mismo" es sólo una estructura funcional útil, generada por el sistema nervioso para centralizar y para coordinar las propiedades predictivas.

Las propiedades al nacer, presentes en el sistema nervioso, son diminutas, si se comparan con la magnitud de eventos que funcionalmente se derivan de los cambios; estos se pueden medir por el número de contactos sinápticos.

Fisiológicamente las limitaciones para aprender son las que nos definen como parte de la comunidad. Hay límites fisiológicos para la velocidad del lenguaje percibido. Las limitaciones en el valor del aprendizaje y la memoria son indispensables para las relaciones como especie.

Las limitaciones nos igualan. El aprendizaje es un medio para facilitar que la función del sistema nervioso se adapte a las exigencias de la naturaleza.

La fisiología determina la percepción del color.

Los detalles del mundo externo, que parecen proceder de un contexto ontogénico, son en realidad las características filogénicas prefijadas del organismo las que dan significado al detalle.

Los límites de las habilidades se aprenden, cuando cesa el evento: morder, jugar, miedo.

La filogenia, el alambrado preestablecido, tiene la capacidad, luego la práctica; la ontogenia o contexto la perfecciona.

L. LA IMPRONTA

La impronta o aprendizaje perceptual es un fenómeno crucial para sobrevivir; dado que la vida está conectada con el mundo exterior; las propiedades definen la conectividad central intrínseca como sucede en los enlaces sinápticos.

Cuando hay interacción entre los circuitos que integran la estructura inicial, se puede comprender que si los sentidos captan un componente el sistema resuena en los demás aspectos recreando la imagen interna sensomotora en toda la estructura.

Los componentes sensoriales interrelacionados de la estructura funcional se sienten en diversas partes de la corteza; y la resonancia los recombina.

De modo que cuando se interrelaciona la imagen, si se activa uno de los componentes sensoriales, ocurre lo mismo en toda la imagen; y también puede abarcar un conjunto de imágenes.

El proceso no sólo permite aprender; y con frecuencia se pueden recordar eventos pasados.

II

DISCIPLINA DEL CONOCIMIENTO

La disciplina del conocimiento comprende los sistemas cinco sensorial y multisensorial, con el objeto de conservar la felicidad individual y armonía colectiva, acordes con las costumbres en el tiempo y espacio, para conservar y actualizar las características propias del alma, como de la ciencia y experiencia.

El sistema multisensorial tiene como función la conducta del alma integrada con las virtudes del bien.

Las características del alma funcionan acopladas con la salud del cuerpo, dado que éste es el instrumento, y, aquélla la ordenadora en la construcción de la experiencia humana.

Es necesario educar desde la infancia, a toda la individualidad, por igual, en los principios espirituales del alma y del bien, dentro de las estructuras: familia, religión y educación. Esta cualidad es una constante en el sistema cincosensorial.

En lo multisensorial cuidamos la evolución y desarrollo del cuerpo; pero también la percepción del alma requiere purificación para mantener la inmortalidad y universalidad. Todo se logra con conocimiento superado por medio de acumular campos electromagnéticos en la conciencia.

Todos los reinos de la naturaleza: humana, animal, vegetal y mineral tienen alma grupal; pero, sólo el humano tiene alma individual para cumplir una función racional; en los otros grupos restantes los movimientos son instintivos. Por tanto, la especie humana debe edificar el alma grupal de los otros reinos.

Los adelantos en el alma individual llegan a evolucionar el alma grupal, y se convierten en inconscientes colectivos.

La energía colectiva del reino animal, puede servir como ejemplo para el alma individual o humana.

El conocimiento multisensorial está formado por las características del alma en el ser humano y por las virtudes del bien, como elementos iniciales y esencia de la conducta individual y colectiva.

El alma y el bien son las funciones en evolución constante para formar el conocimiento multisensorial en el espacio infinito; el sistema cincosensorial tiene limitaciones temporales presentadas en la ciencia y la experiencia. Los dos sistemas deben funcionar coordinados.

Sistema cincosensorial

El conocimiento es "un a priori neurológico" formado en la evolución filogenética del ser humano; integrado: por una red neuronal, los cinco sentidos, los órganos del cuerpo y la parte motriz; comunicada por la energía eléctrica.

Las imágenes percibidas por los sentidos son patrones premotores instalados en la conciencia, al igual que los campos electromagnéticos, para la acción y la conducta.

La conducta espiritual practicada con los atributos naturales del alma y el bien en el sistema multisensorial también es básica en el método cinco sensorial; pero en la ciencia y el empirismo se emplea la ética cuando se aplica la ciencia para beneficio colectivo.

EL CONOCIMIENTO ES EL REFLEJO DE LA VIDA

Los reinos de la naturaleza, para su evolución y desarrollo, en cumplimiento de su función como almas colectivas o individuales, demandan de conductas y métodos de vida suministrados por la especie humana que posee la facultad de la racionalidad.

El contenido de las recomendaciones impartidas a los grupos tiene dos características esenciales: el perfeccionamiento y la verdad.

En el *Diccionario Enciclopédico Killet* se presentan dos definiciones de vida, con su reflejo interpretado en el libro *El Lugar del Alma, de Gary Zukav*.

Primera: "Vida espiritual, modo de vivir arreglado a los ejercicios de perfección y aprovechamiento en el espíritu".

El reflejo lo presenta el conocimiento por medio del sistema multisensorial, al emplear las funciones del alma y las virtudes del bien en las relaciones individuales y colectivas, con espacio universal y tiempo eterno.

También, una vida espiritual a la perfección se logra al aplicar el conocimiento a los componentes en la siguiente interpretación de espíritu":

Sustancia inmaterial que procede de Dios y del alma, que utiliza la conciencia, para elaborar conductas, tendientes a hacer el mayor bien al mayor número de personas y, así, obtener la felicidad.

Segunda: "La vida es la conducta o método de vivir con relación a las acciones de los seres racionales".

El reflejo es el conocimiento cinco sensorial y multisensorial ofrecido por la ciencia y el empirismo con la esencia de la Ética para beneficio individual y colectivo.

Los conocimientos, cinco sensorial y multisensorial, durante la evolución y desarrollo, son el reflejo en la función de la vida, cuando se vive con la ética y se busca la perfección.

EPÍLOGO

El conocimiento es el reflejo de la vida de la especie humana durante su evolución y desarrollo.

El conocimiento es el reflejo para mejorar los arquetipos en la vida humana.

El conocimiento tiene una capacidad infinita para ejecutar las combinaciones con una disponibilidad de cien mil millones de neuronas y diez billones de conexiones sinápticas, por medio de la conducta espiritual y la material.

En el estudio se recomienda la Disciplina del Conocimiento, con estructuras y métodos diferentes; y, cada uno de los dos componentes tiene la espiritualidad y el bien como esencia de la conducta:

"Espíritu sustancia inmaterial que procede de Dios y del alma, que utiliza la conciencia para elaborar conductas, tendientes para hacer el mejor bien al mayor número de personas y, así, obtener la felicidad".

El primer sistema es multisensorial, y con el alma ejecuta las virtudes naturales, procedentes de la espiritualidad y el bien: compasión, ternura, amor, perdón, respeto, poder interno, prudencia, sabiduría mental; estas conductas proceden de una estructura formada por la familia, la religión y la educación, durante los primeros años de existencia.

El segundo sistema, cincosensorial, imparte conocimiento en el campo de la ciencia y el empirismo, con la esencia de la ética en todos los adelantos de la ciencia, obtenidos desde las estructuras colectivas: el gobierno, el trabajo, la sociedad y la educación; pero teniendo en cuenta que también tiene como fundamento la espiritualidad y el bien.

En ambos sistemas, el multisensorial como en el cincosensorial, la espiritualidad y el bien es la conducta básica y constante.

Se ha estimado que la conducta del ser humano esta determinada por el 99% para lo multisensorial y el 1% para lo cincosensorial.

El alma es eterna y universal y esta determinada por las conductas naturales y elaboradas en la humanidad. La ciencia es temporal y debe estar acompañada por la ética. El bien es la realidad en sí misma. El bien es para todos.

BIENESTAR HUMANO ES ESENCIA DE LA VIDA EN LA NATURALEZA

El bienestar social es el fundamento en la evolución y desarrollo del universo. La función es la fuerza proactiva para cumplir el propósito de la vida, consistente en la transformación espiritual, por medio de las conductas multicensoriales ejecutadas con la iluminación del alma.

El beneficio es la felicidad en la acción individual; y en los ejercicios colectivos el producto es: armonía, orden y paz. Antes, hay que superar las cortinas o factores de bienestar social como condiciones para la formación humana en las relaciones colectivas y en la sociedad.

En el presente estudio se determinó la "Esperanza de Vida" como la función del bienestar social que integra otros factores necesarios en el análisis de la conducta del ser humano, cuando se pretende elevar las condiciones generales del Reino, requeridas también para mejorar todos los Reinos de la naturaleza, dadas las facultades propias y únicas de la racionalidad humana en la acción universal.

En la función de la "Esperanza de Vida," tratada como matriz del bienestar social, las cifras a mejorar en los totales para cada uno de los continentes, según cuadro anexo, son: setenta años para los hombres y setenta y nueve para las mujeres; y en el África estas cifras son diferentes: cuarenta años para los hombres y cincuenta para las mujeres.

En efecto, setenta años para los hombres y setenta y nueve para las mujeres, no son suficientes para el beneficio y experiencia demandados por una sociedad; y la capacidad mental adulta adquiere una mejor vida útil en lo individual y colectivo.

Los integrantes de la "Esperanza de Vida" que construyen el bienestar social, observados en el cuadro anexo son:

1. Taza de alfabetización adulta;
2. Ingesta de calorías por persona al día;
3. Médicos por cien mil habitantes;
4. Mortalidad infantil por mil habitantes;
5. Producto Interno Bruto en dólares por persona;
6. Incremento de natalidad por mil habitantes (natalidad menos mortalidad)

Se observa al contemplar el número de hijos por pareja dentro de la familia, con la incidencia de un límite manejable y racional, y se llega a un beneficio para el mejor conocimiento dentro del hogar, la sociedad y el gobierno. El manejo de esta proporción trae como efecto causal el aumento de los índices de desarrollo humano.

BIBLIOGRAFIA

DALAI LAMA. Hacia la paz interior. Lecciones del Dalai Lama. Círculo de Lectores, Barcelona, 1990.

------------------Pacificar la Mente. Meditación sobre las Cuatro Nobles Verdades de Buda. Ediciones Oniro, Barcelona, 2000.

------------------El arte de la sabiduría. Editorial Grijalbo, Bogotá, 2007.

EL ESPECTADOR. Nuevo Libro del Mundo. Bogotá; Referentes para el desarrollo.

FACIOLINCE, Héctor Abad. El olvido que seremos. *Autores Españoles e Iberoamericanos*. Editorial Planeta, 29ª. Edición, Bogotá, 2011.

FORTUNE, Dion. La cábala mística. Alianza Editorial Méxicana, México D. F. 6ª. Edición, 1984.

LLINÁS, Rodolfo R. El Cerebro y el mito del yo. El papel de las neuronas en el pensamiento y el comportamiento humano. Editorial Norma, Bogotá, 2002.

QUILLET. Diccionario Enciclopédico. Quillet, Buenos Aires, 1977. (ocho tomos).

QUILLET, Aristides. Nueva enciclopedia Autodidáctica Quillet. Quillet, Buenos Aires, 1973.

ZUKAV, Gary. El lugar del alma. Biblioteca Fundamental Año Cero, Madrid, 1994.